国外青年建筑师设计作品译丛

居住的同一性

国外青年建筑师设计作品译丛

居住的同一性

[美] 普林斯顿建筑出版社
纽 约 建 筑 协 会 编

侯兆铭 译

中国建筑工业出版社

著作权合同登记图字：01-2005-3935号

图书在版编目（CIP）数据

居住的同一性／（美）普林斯顿建筑出版社，纽约建筑协会编；侯兆铭译 .—北京：中国建筑工业出版社，2009
（国外青年建筑师设计作品译丛）
ISBN 978-7-112-11406-1

Ⅰ.居… Ⅱ.①普…②纽…③侯… Ⅲ.住宅-建筑设计-作品集-美国-现代 Ⅳ.TU241

中国版本图书馆CIP数据核字（2009）第181208号

本书经美国普林斯顿建筑出版社正式授权我社在中国翻译出版、发行中文版

责任编辑：戚琳琳　段　宁
责任设计：郑秋菊
责任校对：陈晶晶　李美娜

国外青年建筑师设计作品译丛
居住的同一性
[美] 普林斯顿建筑出版社 编
　　 纽约建筑协会
　　　　侯兆铭　译
*
中国建筑工业出版社出版、发行（北京海淀三里河路9号）
各地新华书店、建筑书店经销
北京嘉泰利德公司制版
北京方嘉彩色印刷有限责任公司印刷
*
开本：787×1092毫米　1/32　印张：$5\frac{1}{2}$　字数：174千字
2017年8月第一版　2017年8月第一次印刷
定价：**52.00**元
ISBN 978-7-112-11406-1
　　（18646）

目　　录

致谢

罗莎莉·吉娜瓦罗
执行理事
纽约建筑协会

这部书内容如此丰富，要归功于青年建筑师的努力，他们全面而细致地表达了各自的作品。

社团的赞助是确保青年建筑师论坛推出的出版物持续保持高质量的重要因素。纽约建筑协会十分感谢他们的支持，正是这种支持使得这一系列丛书得以出版。还有一些赞助正在办理手续的过程中，这些赞助来自 A·E·格雷松公司、阿尔泰米德、多恩布莱切特、亨特·道格拉斯公司以及米勒建筑师和设计师资源集团，和蒂施勒先生，它们保证了青年建筑师论坛的展览、演讲、网页建设获得成功。

如果没有 LEF 基金的全力支持和普林斯顿建筑出版社全体员工的努力，这部著作的出版是不可能实现的。

前言

马克·罗宾斯

　　我坐在森林中一栋小别墅里，透过格子窗看到外面一大片史前的蕨类植物和在风中摆动的绿色白杨。我在这个为艺术家准备的宁静、幽僻的地方已经生活了 15 年。这里有一大批电影摄制者、作曲家、画家、作家——他们远离了喧嚣的城市，如纽约、波士顿、旧金山——他们有些从 20 世纪早期就来到这里工作。他们的名字有的就记载在这些别墅的小木板上，比如：阿龙·科普兰、米尔顿·埃弗里，以及更近一些的，琼·塞梅尔和弗兰切斯卡·伍德曼。现在，一些艺术家来自于各个不同的领域，这在 100 年前是不可想象的。虽然建筑已经成为最初聚居区的一部分，但现在不知何故迷失了方向。我是最早在这里居住的建筑师中的一员，而且一直在从事一个设施、一本出版物和一系列作品的设计工作。现在这一系列作品中的一个摄影棚已经完成，远离我们的寓所和工作室，朋友们都称之为"艺术帐篷"，但是从许多方面来看，它比城市中的作品创作更困难。时间十分有限，并且没有理由不在庭院中创造。

　　这个夏季，并不是没有一些偶然的成分，我被指派到同一个工作室。室内已经被彩色条石装饰成线性的排列，成组的 Dan·Flavin 荧光灯的使用十分值得，充分照亮了白色的空间。森林已经被修剪过，并向蒙纳德诺克山脉延伸出一条轴线。这些日子里，我致力于一个终端监视机的设计工作，一边用平行画线隔开，可以扫描并组成家庭的映像，绝大部分看起来比不上我们在建筑学校里学习过或我们为其他人设计过的那样具有传统风格的空间。

　　建筑师，尤其是年轻一些的建筑师，除了在学校里和业主委托的实践，几乎很少有实践的场合，尽管这样的竞赛，可以标记青年建筑师们关于理论、图画和建筑志向的扩展。在这样的背景下，犹如使用 12 调乐谱的作曲家和用抽象的演出语言形成的诗歌，试验性的、批判性的设计作品中，都有宝贵之处。

建筑协会的青年建筑师论坛，是给那些刚刚从学校毕业的建筑师以机会，让他们得以首次在公众论坛里表达自己的作品。这是一个机遇，可以允许具有个人风格的作品存在，并在同行和公众面前亮相。每年的获胜者都成为特有的阶层。一张由格伦·韦斯为青年建筑师系列活动十周年纪念设计的海报，表现出像汉斯·哈克这些设计师之间的联系：共享的展览、工程、虚构的商业伙伴。他们是一个小的圈子，绝大多数是以纽约作为基础的建筑师，他们之间的联系是广泛并且多样的。我考虑到了他们，并且考虑到了他们现在在哪里。他们是成功的从业者，许多人已经通过不同的方式从事实践。他们是大学院长、学校董事、艺术馆长、评论家、作家、艺术家以及教师。一些人待在东海岸，另一些人分散在美国中西部或法尔威斯特地区，还有一部分在国外。

对于参加今年青年建筑师竞赛的年轻设计师而言，政治与作品结合在一起。本书所列举的他们的作品，探索了居住、观看同一性的新颖手段和方法，表达了当代生活变迁中的建筑材料世界。这些设计师已不拘泥于追逐早期的建筑目标——"独立自主的目标"或者不加批判地沉浸于市场，他们中的许多人用混凝土语言挑战了被普遍承认的关于我们现在是谁的理念。对于他们而言，复杂性不直接来自于市场行情和可能的感觉，而是来自于使一种针对类似模式被默许的破坏。

刘易斯·海德 20 年前在他的著作《礼物》一书中提到，艺术创造以及在市场经济中使艺术和创造力和谐的难度。他说，艺术可以被交易，但是当它变成只是一个商品的时候，它就转变成既为艺术家服务，又为体验艺术的人服务了。对于建筑师而言，仅仅关心创造性工作的资源和发展是有问题的，更重要的是我们要清楚地明白设计要满足合同、实践和经济的需求。探索、冒险和对作品持续的思索并不是直接与更加难以维持的市场相关，并且绝大多数通常在实践的边缘暗中进行。制度上的广博可以提升独立工作的可能性，通过提供时间进行思考与实验。这一点最终丰富了我们的作品。建筑协会和一些著名的基金会，组织已经成功地支持和展示了青年建筑师的作品，赋予一代建筑师、设计师被认可的机会，他们可以遵循自我的设计理念，并获得相关的赞誉。现在进入到它的第 22 个年头，青年建筑师竞赛坚持认同设计师的非凡的天才，认为他们将会挑战对建筑实践可能性的理解和感知。

　　马克·罗宾斯是罗马美国研究院的"罗马奖"的获得者，也曾获得国家艺术捐赠基金、格雷厄姆基金以及纽约艺术基金会的艺术奖学金。他作品中有一部专著《入射角》，由普林斯顿建筑出版社出版发行。罗宾斯是国家艺术捐赠基金的设计主管，在那里他承担了一项具有挑战性的计划，主要是强化公众领域设计的存在。以前，他曾在俄亥俄州立大学的诺尔顿 (Knowlton) 建筑学院担任副教授，同时在威克斯纳尔 (Wexner) 艺术中心担任建筑馆馆长。

引言

安妮·雷塞尔巴赫

建筑协会的青年建筑师论坛每年一次，今年是第22届，主题是居住的同一性，这个主题表达了一个基本的建筑设计问题——个人场所的创造。参赛者被要求分析与他们作品相关的一系列问题，并将焦点集中在更加便捷、快速的交通和游牧模式是如何引发我们对于场所和同一性之间关系这一传统理念的重新思索。在所提出的问题中包括："我们是否必须居住在建筑中来认同我们自身，或者是否新的同一性理念致使建筑变得不合逻辑？居住的同一性挑战了已经固有的和被定义的居住概念，并试图寻求动态、富于变化和不确定的品质。你的作品是如何反映或者确定这些居住的不同功能和范围的呢？"

青年建筑师论坛创立于1981年，是为了承认和鼓励那些刚刚开始他们职业生涯的青年建筑师和设计师以及他们创作的作品的。参加者是通过每年秋天的竞赛选拔出来获得参加论坛资格的。参加要求是宽松的，"青年"并不是对年龄的限定，而是对职业生涯的限定——要求毕业不超过10年。评选出的获胜者并非要求其设计业务量的规模，也不是要求其建成作品的广泛性，而是要求设计表达出清晰的设计理念和心声，着眼于表现各自不同的实践事业。然后，六位（组）获胜者将有机会详细阐述他们的作品和理论，首先是在城市中心的一次演说，随之而来就是这本出版物。

今年的竞赛主题是由青年建筑师委员会确定的，一群以往的竞赛获胜者，对协会倡议的计划"居住"做出了积极的回应，通过对2002-2003年演讲的研究，产生了这个设计理念。委员会还要求这些卓越的设计成员为评委会进行服务。除了委员会成员，安迪·伯恩海默、佩特拉·肯普夫、J·米金·Yoon，2003 年的评委会成员还有舍格瑞·巴恩、温迪·埃文斯·约瑟夫和马里恩·韦斯。

竞赛主题是每年的中心内容，也是作为组织和协调竞赛的一种工具。我们鼓励参赛者重新审视自己的作品，并清晰地阐明各自的设计哲学。今年的主题关注的是建筑师如何为自己和他人创造居住空间，同时这一主题也反映了许多青年建筑师在实践中形成的核心内容。他们最早期的建成作品绝大多数是为自己设计的生活空间，也有为家人和朋友设计的。这些委托使微观世界得到了具体表达，作品关注的是较大规模的居住工程。本质上来讲要吸收精华，这些用于居住的工程必然更为直观地和更有感觉地对居住者的物质、情感和智力需求作出反应，同时谨记经济和物质现实。

获胜者将有机会通过他们的设计重新回顾竞赛主题。在他们的设计中，有许多弹性材料的潜能和设计探索得到过证实。通过创造小规模、三维的结构，既概括又具体化地阐述了他们的作品。这些演讲中的实例的建造，为我们提供了环境中如避风港一样的空间，并强化了作品的深度。这里没有单一的材料或审美的流行，从循环再生的木材到玻璃包装像素，都有不同种类的混合形式和风格，它们通常较少出现在设计出版物里，成为这些建筑师的特色。

福赛斯＋麦卡伦设计事务所的斯蒂芬妮·福赛斯和托德·麦卡伦详细说明了设计的基本要求："……温暖、干燥、洁净、并且使人精神振奋，有充分的日照和清新的空气，与其他元素融合在一起，却又保持独立的个性。"他们在温哥华的公司所呈现的作品，几乎都是立足于国内的环境。同时，公司墙面上悬挂了一些设计的图像，还有大量的材料展示——包括工程书籍（为他们三栋建成住宅准备的），一些近期大规模的设计竞赛资料，模型和一个获胜的作品（茶具和玻璃）——被放置在一个多层的黄色松木桌子上，侧面有两把椅子，也是由建筑师设计的。角落的布置赋予材料一个特性，组成了他们的作品，同时也提供了一个机会，可以检查公司设计过程中的文件。

斯蒂文·曼库什在 1999 年"模糊住宅"新建筑住宅设计竞赛中的参赛作品——无线茶室的设计中，采用循环使用的工业木板建造，对材

料和形式进行了重新组合，后来无线茶室建于美国科罗拉多州的斯诺马斯，后又在圣路易斯进行了重新布置。茶室，像许多其他青年建筑师的作品一样，通过基本的、多边的形式，表达了一种不同于传统形式的"游牧模式"。曼库什的作品和文件包括为克利夫兰实验住宅竞赛所设计的方案和便于转换、移动的家具设计部件，都是对传统用途的一种挑战。这些部件表达了他对工程的基本的主题，无论这种精心的设计是否属于本质意义上的，也不论我们的目标是否是更加关注居住状态而不是居住建筑本身。

莉萨·谢设计的轻质零空间，由光亮的乙烯基管和丙烯酸支杆建造，该设计是想要成为"一个被隔离、遗忘和抹掉的场所"。设计中的构想是"无限不确定循环"，这里展示的工程试图表现设计上的、功能上的和结构上的轻盈灵活这一设计理念。书中还包括充气膨胀式的"城市卧铺"模块（当需要时，可以从现存的建筑立面中伸展到城市结构的中心地带）和几乎有无限种可能的组合方式的N种形式组合住宅。另一个项目，是临时性的永久住宅（第13届Takiron国际竞赛，与漆志刚合作），由永久的结构系统与可拆卸的地板和充气式墙体，以及经稳定性处理的可拉长的弦索和扣件组成。

设计过程表达出斯特拉·贝茨的建筑利用技术系统的逻辑性和虚拟语言进入到物质／建筑世界中。贝茨，合伙人是大卫·利文，他们共同成立了利文·贝茨工作室，已经设计了一系列商业和住宅工程。她在这里展示的设计包括六个工程作品，全部都简洁易懂，展示了挤压的铝制"圆柱"。 为了更方便地进一步观看方案，每个圆柱都带有一个滑动的放大透镜。无论是为一个印刷厂设计的网络化的循环回路，还是为家具展室设计的利用玻璃板和镜子来成倍增加的视点，贝茨的设计蕴含简单的理念，并依次形成一个复杂的系列空间。在另一个建成项目，贝茨为切尔西屋顶公寓设计了一个滑动的玻璃屏幕，这样可以把其他空闲的开放空间和城市的图像反射到室内空间中。

事实上，一项21世纪映写仪的设计，即本·查克威茨的折叠钢制、树脂玻璃桌子／屏幕，为我们提供了观看自己作品图像的区域。图像可以先被投射到预先存在的镜子上，然后再漫反射到屏幕的表面。在当今的世界中，还存在着另外一种具有可变化外形的虚拟世界，它的意象是与查克威茨的建筑探索相一致的——特别是他的无边界房间。这个设计是应用于较大的、开放的室内空间中，那独立式的、透明的无边界房间拥有多重功能，它是一盏灯、一个屏幕、一个储存容器，也是一间卧室。关闭时，它半透明的墙壁微微发光，就像是特大型的灯笼。开启时，经过精心布置的室内显示出通畅的人体尺度，基本的生存空间包括了储藏和睡眠区域。从理论上来讲，它可以在道路上行进，并作为一个储存容器，直到在一个新的空间中重新布置，就像一个生活的模块空间一样。

迈克·莱瑟姆的作品，涉猎范围从家具到住宅设计，他的设计主要着眼点是使技术、透明度和运动结合在一起。"一个技术的雕塑"，由计算机产生玻璃盒子，清楚地说明了组成成分、虚与实的关系，表现出他公司作品的特征。莱瑟姆理解，他的模块式设计是对"生长中的时空联系和类似处"与认知能力之间的一种反应，这种认知能力是通过场所特性形成从整体到部分的分类——易受影响的、易识别的、流动的，就像信息本身一样。结果就是形成通用的形式，例如运动的玻璃储物柜，同时作为房间的分隔墙，通常具有多重功能，既能分割空间，又能创造空间。另外一个工程，家居归一（HOME.in.1），是一个6平方英尺、自我包容的"家"，具有储藏空间，同时也是睡眠和工作区域，为主人提供一个小的永恒的家，可以从一个住所运送到另一个住所，通过最近的一次越野运动可以得到证明。

这里展示的大多数作品，都证明了这一代建筑师试图通过细节创造场所，并调整文化、运动和信息全球化的持续冲击。无论设计是否适合个人尺度或者能否满足宽松的居住需求，这些设计都提供了有创造力、多样性的、正式的解决方案。尽管，作品有时是多变的（甚至是可移动的），但肯定了身体和场所之间的联系，设计反映了对于需求强烈关注的设计策略，即创造居住环境，既要与大地轻柔地接触，同时又要真正为人们提供避风的港湾。

参赛者简介

斯蒂芬妮·福赛斯和托德·麦卡伦以加拿大渥太华为基础，拥有非常广泛、各种领域的设计实践（网址是 www.forsythe-macallen.com）。无论是斯蒂芬妮还是托德，都是 2000 年毕业于达尔豪西大学，获得了建筑学硕士学位。托德还获得维多利亚大学艺术学士学位，以及达尔豪西大学的环境设计学士学位。斯蒂芬妮在芬兰赫尔辛基的工业艺术大学和加拿大的谢里丹学院学习玻璃吹制和设计，在达尔豪西大学获得环境设计学士学位。福赛斯＋麦卡伦事务所已经获得《建筑实录》杂志的两个"AR + D"奖，以及加拿大艺术委员会的 Ron J. Thom 奖。他们是在一次设计竞赛中第一次获奖，竞赛要求在日本北部城市青森的城市中心设计一个拥有 200 个住宅单元的社区及配套设施。这次竞赛，评委中有安藤忠雄和让·努维尔，共吸引了来自 86 个国家的 4000 人参赛。现在他们正在为青森的工程而工作。

斯蒂文·曼库什在康奈尔大学和伦敦建筑协会接受了建筑学培训。他的工程实践，曼库什工作室，建于 1996 年，关注的焦点问题是住宅设计和家庭物体的制作构成。曼库什曾经在美国和其他国家的一些大学进行过讲演和教学，包括密歇根大学，布法罗的纽约州立大学以及 Fachhochschule 的列支敦士登。他多次获得奖学金以及奖励，包括密歇根大学的 Willard A.Oberdick 奖学金以及德国斯图加特 Akademin Solitude 的建筑科研奖学金。

莉萨·谢在台湾大学获得数学学科的工科学士学位，在印度大学获得数学学科的硕士学位，在密歇根大学获得建筑学硕士学位。她曾在印度大学数学系任教，并且在美国洛杉矶的 Morphosis 和 Hodgetts+Fung 事务所工作过。最近，她在纽约城为 Mancipi-Duffy 事务所工作。

斯特拉·贝茨在康涅狄格学院获得艺术学士学位，在哈佛大学设计研究生院获得建筑学硕士学位。1997 年，她在纽约城与合伙人大卫·利文成立了利文·贝茨工作室，（网址是 www.levenbetts.com），她的合伙人大卫·利文在耶鲁大学获得建筑学硕士学位。

本·查克威茨在加拿大马尼托巴大学获得环境研究的本科学位，在加拿大新斯科舍省哈利法克斯的达尔豪西大学获得建筑学硕士学位。他曾在加拿大、挪威、美国工作过，从事建筑设计、施工和海军建筑领域的工作。他曾在拉菲尔·维诺里建筑师事务所工作过，曾经受雇于格鲁克曼·梅恩内建筑师事务所。他是 1997 年罗塞蒂奖学金的获得者，2003 年获得《I.D.》杂志的设计奖。2002 年他创立了查克威茨设计事务所（www.checkwitch.com）。

迈克·莱瑟姆是一家以纽约为基础的设计公司的负责人和创立者，该公司对建筑、艺术、技术的交叉领域十分感兴趣。从 2000 年起，公司就接受了不同领域的工程，包括建筑设计、室内设计和家具设计。公司还创造了值得注目的大量艺术作品，主要是雕塑作品和机器人作品。迈克·莱瑟姆在哥伦比亚学院获得了艺术学士学位，在哥伦比亚大学获得建筑学硕士学位，同时他曾在那里任教。

福赛斯+麦卡伦设计事务所

　　我们第一栋建成的住宅，已经展现在这里，它代表了我们对于当代通常被认为是人造的和脱离自然的人居条件的一种反映。

　　我们建造了一些住宅，通常直接在大地上勾画方案，从树上砍下木材，在现场对木材进行切割和打磨处理，并开始现场即席创作设计，将其作为新的信息、洞察力和材料的一种反映。我们经历了季节的缓慢变换，目睹了清晨的第一道曙光，并亲自感受了气候的微妙变化和极限。这代表了我们正在进行的教育的基础部分——理念的需求，要从思想到实践，再从实践返回到思想，对于物质性、制作过程、自然空间以及实践的感悟要根深蒂固。最终，我们认为进入并更深一步理解空间因素是完全可能的。在我们最近的作品中，就反映出这种体验，这促使我们变得更加善于进行抽象的、疏离的思维，更加善于分析。我们在抽象与亲密的关系之间寻找平衡，这种亲密关系来源于场地、材料和建造。

　　我们的第一个作品是乡村风格的。像许多人一样，我们被吸引到两个极限：城市景观和乡村景观。我们寻求各种方式试图使城市住宅和公共空间互相融合。尤其是，城市住宅应该有助于公共空间的发展。每一次，当你在城市中建设一栋住宅，你也是在创造城市本身。我们对在每日的城市生活中强化大自然的体验充满了兴趣。我们期待看到更高质量的建设经由预制配件和建筑设计变成典范。这就是我们为日本青森设计的竞赛获奖作品之中潜在的主要理念。

麦卡伦住宅

　　这是我们第一栋建成的作品——是专门为托德的父母设计的住宅。住宅位于不列颠哥伦比亚省西海岸的一个小岛屿上，海面碧波万顷，岛上山势逶迤、植被茂盛、风景优美，有大片的热带雨林。冬天大多数时候，天空是多云的灰色，住宅设计中一个最主要的考虑因素就是要创造一个宽敞、开放、阳光充足的流动空间，它的位置由实体的壁炉区、客房区和服务区来限定。住宅中心处是壁炉，我们用当地的花岗石来制作，这些花岗石是冰河退去后堆积遗留在岛上的，任何两块岩石都不完全相同。从场地上主人的一栋古老小屋上获得的木材，被用作制造客房的衣橱和横跨室内的小天桥。建筑依山而建，恰好位于山坡上，这样可以使体量显得小一些，并且连接了场地上不同的标高。冬季灰白的、柔和的光线从住宅上部以及立面的木格窗玻璃处进入室内。光线被道格拉斯的冷杉、榆树和枫树的木材表面反射过之后，给人以温暖感，仿佛太阳会停留在此。

1   2   3

4

5

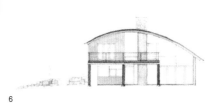

6

1　主要空间的拱状屋顶
2　书房外面的平台
3　楼梯
4　立面照片
5　工作模型
6　正立面图

7

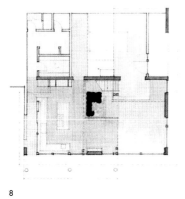

8

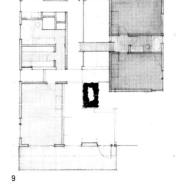

9

7   主要空间
8   地面层平面
9   一层平面
10   住宅正立面，夜景

画廊住宅

　　这栋体量狭长的住宅是为一位艺术家建造的，他同时还是一位教师。这栋住宅由一些房间组成，它们沿门厅布置，其中画廊布置在一边，小型图书馆布置在另一边。平面规划是现场完成的，为了遵从天然形成的石柱基的形状，最终形成了略微扭转了一个角度的直线平面，并且有一端呈锥形逐渐变细收缩。这种形式能让人感觉到建筑功能上的过渡，即在画廊／门厅处，从公共部分向私密部分过渡。建筑在西侧有选择地开窗，这同时也关系到景观视线和自然光线进入建筑的方式。太阳光被木材和白色的石灰表面反射，变得十分柔和，并不直接照射在艺术作品上。各种颜色的光线（黄色、蓝色、绿色、粉色和紫色）投射到墙面和地板上，光线还随着时间和季节而变幻。裸露在外的屋顶结构是道格拉斯冷杉木材，外面是最新的雨幕镀层，木材用体形巨大的、敏捷的克莱兹代尔马采伐，并在现场打磨。黄色的雪松木地板来自于当地的一家网球场，是被网球场淘汰的，我们找到这些木地板时，它们正堆放在一起，准备烧毁。我们将木材表面打磨掉 1/8 英寸，明亮的、黄油般的木地板就显露出本色，即便在多云的天气里，地板也能反射出温暖的阳光。在夏季，住宅对公众开放，进行展览。尺度较大的门开向室外平台，增加了地板区域的面积。

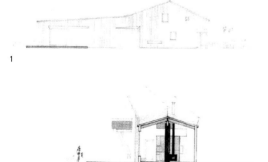

1

2

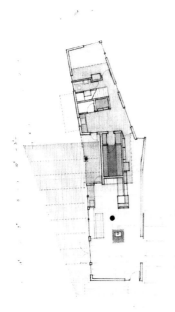

3

4

5

6

1　立面图
2　剖面图
3　地面层平面

4　画廊门厅
5　反射光创造了色彩
6　画廊门厅的天棚

7   主卧室，自下而来的自然光

8   卧室中主梁：图6-8是连续的住宅棚顶结构

9-10   画廊门厅

科罗拉多住宅

　　这栋小住宅是为一位女士和她所养的一匹马所设计的。建筑位于美国科罗拉多州海拔 8000 英尺高的落基山脉山脚处，周围山势起伏变幻，具有优美的自然景观。这里再也没有其他人居住，我们的业主是一位十分独立的女性。

　　建筑几乎是图像式的，从远处看被赋予了温暖感。在暴风雪的夜晚，人们可以靠近这栋住宅，它将会为你提供舒适和温暖。从这种意义上来说，它更像是在许多文化中出现过的神话——一个被讲述了无数遍的故事，又累又冷的旅行者，突然看到了温暖的灯光和房子。

　　建筑南向比较开敞，因为可以看到宽阔的草场和优美的景色。建筑北向，为了避免恶劣气候的影响，建筑背靠露出地面的一些巨大的花岗石。建筑的屋基部分是分开的，通过这里，可以在室内就看到一片宽阔的、精彩的、气象万千的西南方的天空。住宅主要靠收集太阳的热量和能量，并加以利用。

1

2

1　工作模型，照片由彼得·博加奇威茨提供
2　空气流通图

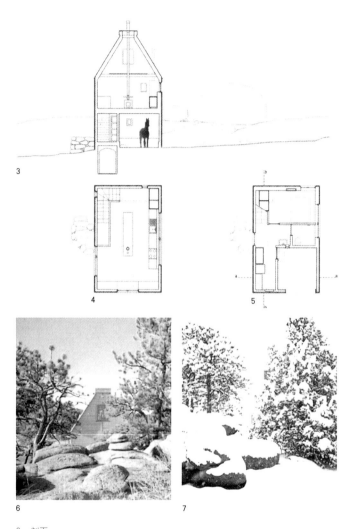

3   剖面

4   一层平面图

5   地面层平面图

6   露出地面的岩层

7   雪景   8   立面图

伍德小屋

这个小屋周围都是生长了多年的冷杉和雪松，小屋的建造是为了在各种不同湿度的潮湿环境中，提供一个储存木柴的场所。新劈开的木柴，当裸露出两边的纹理时，会很快干燥。小屋轻盈地立于地面上，设计者希望尽最大努力不破坏雨林的环境。小屋靠近存放木柴的位置以及接近大地的位置，都已经被烧焦并被涂上焦油，以防止木材组织腐烂。设计者创造了刚性的薄屋面，首先弯曲屋面板材，并将它暂时固定在一个临时性的支撑物上；然后连续刷几层粘板材用的防火胶，并用小螺栓锚固；最后当碾压步骤结束后，拿掉临时性的支撑物，这时，就形成了一个简单的、轻盈的贝壳形屋面。建设小屋的所有木材，都是在现场加工的，用的是仔细挑选过的道格拉斯冷杉木。这个隐蔽的小屋为主人带来了一部分收入——因为它离主人的家不远——否则很少有人会来这儿。

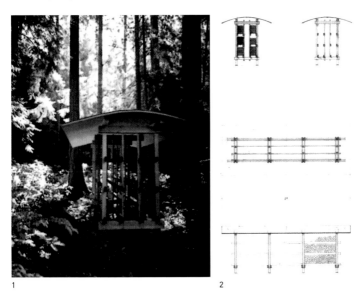

1
2

1　立面图
2　设计图纸

图尔小屋

这栋小建筑的设计和建造是为了存放一架小型拖拉机和一些园艺工具。燃料储存的必要性导致在设计中，每块道格拉斯冷杉木做的墙体板之间都必须留有通风的缝隙。木材表层已经被烧焦并涂上焦油。建筑外表闪烁着黑色的光泽，还保留着可见的木材纹理的痕迹，并且反射着周围环境中的各种色彩（绿色、蓝色和黄色）。阳光可以穿过墙板之间的缝隙进入小屋，也可以穿过涂有透明聚碳酸酯 UV 防腐剂的屋顶进入小屋。

1

2

4

1　墙面和屋顶
2　融入周围环境中的小屋
3　细部：经过烧焦并涂有焦油的墙板和角部的支撑柱
4　设计图纸

3

餐馆

田园风光中, 竞赛参赛作品

　　传统的日本住宅中包含了许多现代主义的理念: 自由流动的空间、含蓄的房间、灵活的平面、标准化的建设、缺少装饰、用料经济、轻盈灵活的外观、对环境做出回应、透明、室内室外之间界限模糊等等。当代日本建筑继承了现代和传统之间的联系, 通过有层次的、互相嵌套的空间, 更加深入地探索了传统品质。这些从本质上讲与大自然和周围环境具有明显的关联。我们设计的这栋田园风格的建筑, 就是对这些理念的一个研究探索。透明的圆柱体, 环绕在周围的花园, 双层玻璃幕墙环绕着阳台空间。

1

2

1　室内和室外
2　周围环境

富弘博物馆

竞赛参赛作品

　　日本志贺的富弘（Tomihiro）博物馆，是为许多人朝拜而建，这些人不仅仅是来观赏东村的美景以及富弘先生油画中所展示出来的高贵与亲切，更主要的是，通过他的作品，坚定对于简单、谦逊生活重要性的信念。这是一个激发勇气、信心和愉悦之情的场所。这座崭新的博物馆必须尽最大可能来完成这些使命。我们的设计意图是创造展示富弘先生精神的静谧空间，并且保持场所的高贵与美感，还要使之焕发活力。设计主要有三个理念：与大地的互动、平静亲切的画廊空间、社团。

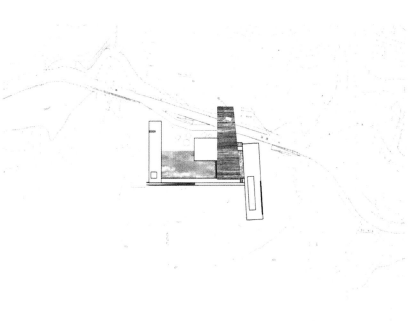

1

1　总平面图

2

画廊——通过将博物馆空间用轻柔的光划
分成不同的层次，就可以产生轻型能源的
亲切感。一系列流动的、过渡的空间折射
出了室外的景观。

3

社团——新的博物馆意图为东村社团活动
提供一个重要场所，这是一个令人自豪，
并激发灵感的场所，提供了公众聚集的空
间，同时也是研习油画的工作室，还有一
个观赏表演的小剧场。

4

土地——一条穿过场地的小路对于博物馆
而言是十分重要的。博物馆成为一度被公
路切断的水和山之间的联系纽带。画廊空
间提供了观看自然美景的最佳观赏点。

5

6

实验住宅

这一系列进行中的住宅案例研究，从某种意义上来讲，都属于同一个工程项目。我们认为这个住宅个案可以成为所有建筑规划的基础，并且蕴含其中的住宅设计理念是最本质的，也是当代最重要的设计理念。

在这些案例中，主要理念非常简单：提供一个充满清新空气和灿烂阳光的开放流动空间。在城市中，其挑战之处就在于所提供的开放流动空间要与私密性之间互相协调。

开放空间要由那些私密的、围合的空间如卧室、浴室、服务用房来衬托出来。

从设计层面来讲，有一个十分实际的方法，那就是在室内与室外之间、公共空间与私密区域之间，创造出借景，精简服务空间，最大限度地扩展开放的居住空间。从概念层面上来讲，它是一种关于互补的关系，强调的是开放与私密的空间品质。

我们的案例研究正是基于这种理念，使居住成为一种通用方式。我们设计的是一整套理念和系统，而并不是一个理想化的住宅。这种情况下，这些理念可以有选择地应用，并进行不同的组合，以适应不同的环境和条件。我们将这些住宅的建设视为一种装配行为，而不是一种建设行为。通过将住宅分割为清晰独立的元素，提供可供选择地设计方法和现场创作就变得可行了，设计要以场地／形式为基础，并根据这些独立元素加以变化。

1

2

3   4

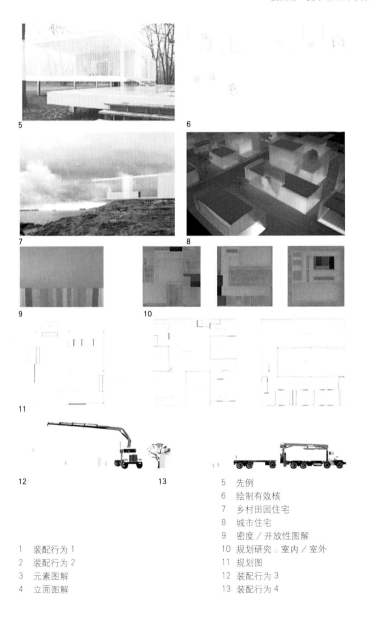

5　先例
6　绘制有效核
7　乡村田园住宅
8　城市住宅
9　密度／开放性图解
10　规划研究：室内／室外
11　规划图
12　装配行为 3
13　装配行为 4

1　装配行为 1
2　装配行为 2
3　元素图解
4　立面图解

青森北方住宅

　　三块明亮发光的体量，包含了 200 栋住宅，隐秘地漂浮在极具活力的街道上空，限定了一个室外的城市场所。这个公共的场所是一个公园，由斜坡和池塘组成。在街道层面上，被住宅体量所包围的一个拱廊环绕着池塘，并提供了进入商场、餐馆和艺术画廊一层的入口。公园之中，有一个类似洞穴的空间坐落在池面上，它被一个长满青草的低矮的斜坡所掩蔽，这是一个为每日的社团活动、季节性的大事以及节日活动所准备的大空间。这个水面上的空间，倒映着粼粼波光，从街道和广场看去，仿佛一个舞台。夏天，水面在喧嚣的都市中创造出平稳安静的空间。冬天，城市仿佛披上了一层厚厚的雪毯，而水面则冻结形成滑冰场或庆祝节日时的广场。斜坡则变成孩子们玩雪和坐雪橇的乐园。斜坡上升到第二层，恰好在画廊和日托服务中心外面。第二层的日托服务中心为婴儿和老人提供白天的看护服务。深入到斜坡下面的洞穴空间，是一个举行小型演奏会和演讲会的小礼堂，以及一个公共浴室。

　　住宅外覆双层皮肤。内层，由弹性玻璃板构成，通向阳台，将每个住宅变成具有空间感的平台。外层由大块的、垂直的百叶窗板组成。位于百叶窗板和弹性玻璃板之间的空气室（阳台空间）确保每个家庭在极热或极冷的天气里，有良好的隔绝性能。百叶窗可以调整各种因素，它们可以旋转，让城市美景和自然光线流入室内，也可以调整人的视线。同时，它们也形成了一个优良的声学缓冲器，可以让人完全远离城市喧嚣。

　　这里有一个基本的理念，那就是赋予住宅公共领域以形式感和同一性。夜晚，住宅的体块变成有意味的光源，成为城市中漂浮的灯笼。每栋住宅所蕴含的活力是可读的，尤其在夜晚，就蕴含在那些玻璃的后面。从室外看，那些柔和的、具有流动感的玻璃变成了自由的、富于浪漫气息的形象，色彩、光线、纹理都会变化，并且住宅的窗户是可以转动的。也许某位住户为了让室内进入一丝夜晚清凉的空气，打开了窗户；而另一位住户为了远离城市中的喧闹，关上了窗户。也许还有一些人家将阳台蒲团挂起来透透气。也许有的人家阳台上挂上了刚洗过的白色衣服，准备晾干；而另一些阳台上则挂上了五颜六色的衣物。这些因人而异的元素是如此不同，富于个性，显示出了城市的活力。

　　无论是从城市规模角度而言，还是从家庭室内角度而言，公众空间与私人空间、开放空间与私密空间之间的关系都在发展中。

　　开放和私密的部分包括几个元素，可以随家庭需要的增长或变化而增加或改变。这种可互换的元素遵循品味、需求、孩子成长、家庭需求的变化。住宅的设计满足了家庭因成员离开的需求而改变。储藏空间可以拉伸出来，卧室可以扩大成为更大的私密环境，或收缩创造更大的家庭聚会公共空间。

1

1　倒映的水池

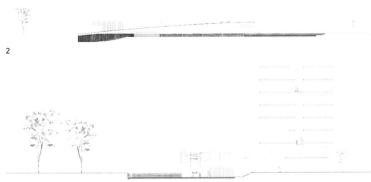

2

3

4

5

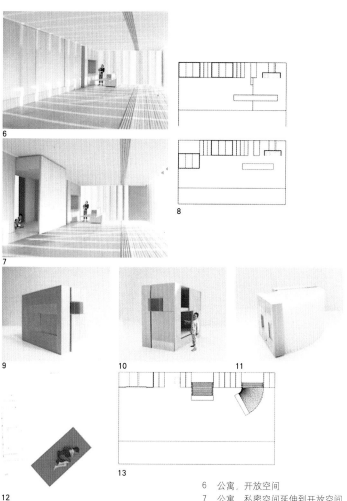

6

7

8

9

10

11

12

13

6　公寓，开放空间
7　公寓，私密空间延伸到开放空间
8　公寓平面图
9　私密空间的另一面，封闭的
10　私密空间，用床封闭入口
11　私密空间，开放的
12　房间平面图，部分开放
13　周围环境中的房间平面图

2　穿过斜坡的剖面图
3　剖面图
4　住宅之间的斜坡
5　街道层被覆盖的人行道

漂浮：茶灯笼

关于茶灯笼（Tea Lantern）的设计研究始于一个理念，即一个简单的物体就可以限定一个聚集场所。带有光线、温暖以及气味特质的感官上的融合，创造出一个隐私的空间，用于聚集或沉思。

从工艺技术层面来讲，茶灯笼利用了双层外壁的原理，一个玻璃的圆柱体镶嵌在另一个里面。真空空间创造出热阻，可以隔绝热的或冷的液体，因此附加手柄就没有必要存在了（这样的研究同样也是我们对已经设计的建筑表皮的部分探索的反映）。我们运用同样的原理来设计一组玻璃，里面是装有液体的玻璃杯，悬浮在外面的一个玻璃圆柱体里（这次不存在密封的真空空间）。除了绝缘之外，这种双层的设计也可以让冷凝远离桌子表面。

我们所要强调的恰恰是内部的液体。灯笼和玻璃有透明和半透明的变化，这当中的茶——或闪光的水、啤酒或苏格兰威士忌酒——变成晶体的彩色，在灯光下漂浮着。如果温暖的手柄也能闪闪发亮，那么多种感觉并存的效果就会特别迷人。

茶灯笼属于一系列研究中的一项，这些研究都是只应用一种材料来制成物体。这代表了面对单一化设计和我们不断发展的产品／建设的一种态度。一种简单的工具、设计和过程可以导致它本身有第一流的细节设计、劳动的经济性和再利用再循环的便捷性。从这个意义上来讲，茶灯笼的材料是硼硅酸盐玻璃，不同于碳酸石灰玻璃制品中典型的窗户、瓶子等等，它具有异常的高化学抵抗力和可以忽略不计的热膨胀系数。热膨胀系数的缺乏，考虑到了玻璃在边缘处或者聚光处在熔化、弯曲、收缩或者膨胀情况下的局部加热，并不会引起应力变形或者扰乱玻璃的周围区域，硼硅酸盐玻璃合成物对自动化操作的机器处理而言，是高度合适的，这样的自动化操作，可以使玻璃变为具有极端精确尺寸的容器。这些相同的热量特性，对抛光玻璃茶具理所当然是十分有效的。

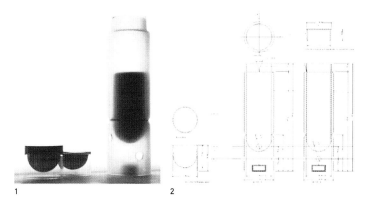

1

2

滑动接口椅

　　这把椅子和另外一把类似的可拆卸展示桌一样，都是为了一个展览会设计并制造的，它们属于同一个"物体系列"研究项目，这个系列还包括茶灯笼，每个物体都是由单一材料制成。我们试图精炼细节，主要是为了单纯地强调材料。桌子和椅子都使用平板装配而成，运用了精确的摩擦力接口——而不是使用扣件或胶水进行连接。不用时，可以将它们拆成平板挂在墙上，也很便于运输。

　　椅子和桌子用黄色的雪松木制成，有点类似于日本黄色的柏木，这种雪松木在西海岸地区很好找到——一般位于山脉的山脚处——从华盛顿到不列颠哥伦比亚省，再到阿拉斯加州。这里选用的雪松木是最坚硬的种类，它的生长受到天气和昆虫的影响。我们留下了一些天然木材（没有上过油的），这些木材有辛辣的香味，有点类似于森林中春天暴雨过后生苔的地面。

1　装有热茶的漫射玻璃杯
2　漂浮物和茶杯图
3　椅子设计图
4　椅子的照片

3　　　　　　4

斯蒂文·曼库什

我们的家是不是也像我们的服装一样，被当作向社会表达自我的外包装呢？如果真是这样的话，那么时尚工业是否可以与住宅市场相提并论呢？并且，买不起高水平设计师设计的服装的人怎么办呢？那些不够幸运没有自己房子的人或者那些无法自己选择的人又怎么样呢？他们将如何表达自我？难道我们的目标更关注居住状态而不是居住建筑本身吗？

克利夫兰实验住宅试图为精英阶层提出一个可供选择的"高级时装"式的住宅。就像一辆轿车一样，住宅也可以分解变成由工厂进行组装的配件。这里提出的住宅解决方案，它的组成配件可以在一间大的工业厂房中进行改变、重组、改良或改装。这样的建筑，从某种意义上来说，是对许多现存的住宅类型的一种挑战。

玻璃住宅由家具参照物来分割空间，用户最大限度地与社会保持相互作用、相互影响。住宅可以有不同的人居住，在参照物两边、邻居、兄弟姐妹、夫妇或陌生人，可以随时进行调整，也可以根据住户对空间和私密性的需求而改变。住宅是透明的，隐私的获得是通过玻璃的使用。设计中加入更多的玻璃，作为人与人之间的屏障，这样更多的发光度消失了，不透明性通过折射获得了。

无线茶室是对于社会科技定向的一种反作用力。这种住宅是为那些希望逃避社会中严格生活的人们所准备的，提出了一种游牧式的生活方式的选择。它运用了一种隐喻手法，将茶室作为对消费文化评论的一种途径。无线茶室完全不是真正的住宅，但它提出了一些更接近建筑的东西：居住仪式。

家庭物体通常是定义我们历史的物品，它们有时可以用来更准确地描述我们的居住方式，而不是我们居住的房子，因为它们可以有意识地进行选择。在城市中，人类对于建筑的占有在多大程度是一种有利于市场运行的决定呢？我们身体所依赖的物体，那些我们曾经为之烦恼、移动过的物体，我们的传家宝，也许能更好地反映我们自己。

通过这些工程项目的发展，我希望抛出一份与众不同的个人标准，关于无可非议必须接受的日常生活元素和生活必备物品。也许正在影响我们自身的，就像家具、过时的产品或者生活习惯一样，我们能够更深刻地影响建筑的特性，而不是将它们单纯视为表达自我的一种外包装。

克利夫兰实验住宅

空间画廊，一项合作工程，合作者是詹姆斯·雷伯格，并得到克里斯蒂安·阿尔德鲁普的帮助

> ……当"大牌"设计师拥有公认的品质（并且将继续创造一部分"高级时装"）的时候，还有一种需求，是为今天的个人生活环境而准备的，当然，这种生活环境没有所谓的品质和理所当然的当代正式的表达方式，而是变成针对一种新型消费需求的可行和有用的产品。
>
> ——Peripheriques，《关于家庭的36种建议》

克利夫兰实验住宅是美国俄亥俄州克利夫兰空间画廊举行的一次全国性的临时展览。业主委托我们给一位搞创作的客户设计一栋住宅，住宅位于克利夫兰城区一块现存用地上，最大限度的投资预算为1.8万美元。业主是一对成年夫妇和他们收养的两个孩子，其中一位是消防员和汽车收藏家，另一位是在家里工作的美术设计师，因此要求一间有单独入口的办公室。

参观了建于20世纪50、60年代的加利福尼亚州实验住宅之后，隐藏在家庭产品后面的设计原理经常被一种尝试所引导，这种尝试是当代生活方式的发展和建设科技进步二者之间的一种协商。当代科技和工艺的发展，反映了战后地区工业已经进入平民消费市场。

今天，在克利夫兰和周围地区，家庭已经首先被运用建筑技术建造出来，但这些技术并不一定反映出二战后的科技发展。建筑工业从未将那些科技发展完全应用到住宅市场上来。以专业化为基础的工业很难在每一项工程中重新创造自我。因为装配方法已经在事实上保持了不可改变性，当然是在一定的领域。但是这些产品的管理和经营——被我们称之为家庭——已经高速地发展了。因此，住宅组成部分的产品效率也增长了。

在克利夫兰实验住宅中，我们提出巧妙地运用这些建筑工业的组成部分来生产"干燥装配式"建筑，并要与工业厂商（专门研究预制钢结构建筑和传统模块式建筑）联姻，创造出当代的生活表达方式，这些在

克利夫兰的住宅市场中是缺乏的。我们在这项工程中的职能就是容纳这些独立的系统，并创造出一种建筑语言来结束任何潜在的差异或矛盾。

由工厂预制的钢建筑自东向西横跨整个场地，灌注混凝土之后，结构体系就伫立在那里。有四个模块组成部分被安插在这个结构体系里。这些模块包括用于居住的私密空间以及潮湿空间，这些模块空间已经被工厂预制出来，包括各种用具和设备，只需要现场安装就可以了。然后住宅用半透明的聚碳酸酯墙体密封，留下大的玻璃车库门，这使得起居空间向花园敞开。为此，我们将建筑在场地中的位置向北后退，留出较大位置给花园，花园成为住宅的延伸，看起来是连续的。由花园可以进入到住宅，正面与屋顶是一体的，一直环绕到北面，将车库和室外车棚分开。正面的部分，成为工作室空间的支撑，同时也是做广告的最佳所在。正立面的入口，成为人进入建筑并感受私密与公众功能不同之处的所在。

就如同双车位的车库在当今住宅中占主导地位一样，我们有意地在住宅立面中展示出主人收藏汽车的爱好，而并不像一些邻居那样，将汽车放在车库中的混凝土基座上进行展示，我们的业主可以驾驶着他收藏的汽车穿过整个住宅，并在住宅前面向公众展示。作为对比，住宅的其他区域具有高度的私密性，并在现场建设这些独立的房间。孩子们的房间以及另一位主人的工作室被构思为插入整个系统的模块。

1

1	立面图
2	模型前视图
3	模型背视图

2   3

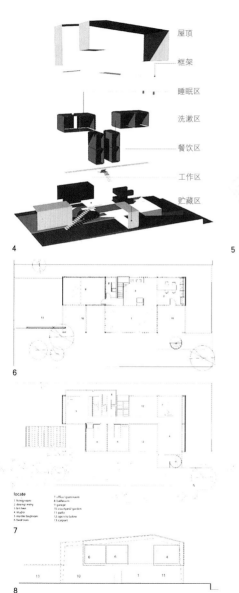

屋顶

框架

睡眠区

洗漱区

餐饮区

工作区

贮藏区

4

5

6

locate
1 living room   7 office/guestroom
2 dining/ entry   8 bathroom
3 kitchen   9 garage
4 studio   10 courtyard/ garden
5 master bedroom   11 patio
6 bedroom   12 open to below
                       13 carport

7

8

4 组成序列图
5 总平面图
6 一层平面图
7 二层平面图
8 剖面图
9 工作模型
10 折叠钢模型
11 木纹模型
12 最终模型

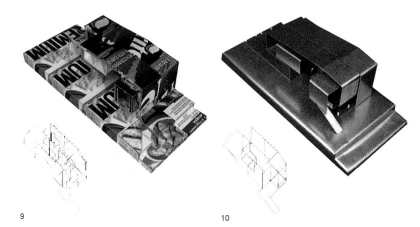

9

工作模型：用来表达运用现成系统的理念。
不同商标空间表示不同用途，是一种运用大
众接受的材料制作模型的宝贵尝试。

10

主要是阐明表面的连贯性，探索屋盖系统以
及住宅组成部分的分界线。

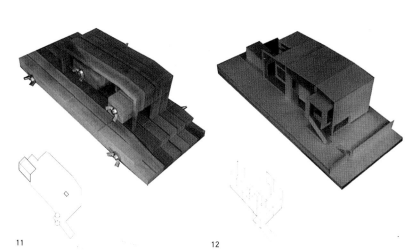

11

主要是分析场地的肌理，尝试发现连续表面
与大地的关联。

12

最终的模型，为了阐明两种不同系统的围合：
模块式建设和工厂预制钢建筑。

混凝土板／热辐射地板

统计
生产程序： 定制
平方尺寸： 2616 平方英尺
每平方英尺价格： 7.42 美元
总价： 19410.72 美元

构件： 材料：

浇筑混凝土板 露石混凝土 (1221 平方英尺)
带状水蟠管
加热板 (546 平方英尺)

结构材料： 混凝土，铜压膜，钢筋混凝土
结构类型： 现场工作，挖掘，地基和机械化

  定位   总计

$ 19,410.72

$ 19,410.72

结构钢框架

统计
生产程序： 预制钢结构
平方尺寸： 1736 平方英尺
每平方英尺价格： 9.21 美元
总价： 15988.56 美元

构件： 材料：

2 天钢结构 绘制
每面墙上都有两个门
前面有交叉钢梁
1：12 屋面坡度

结构材料： 结构钢材
结构类型： 钢

定位   总计

$ 15,988.56

$ 35,399.28

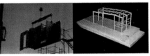

车库

统计
生产程序： 标准结构
平方尺寸： 308 平方英尺
每平方英尺价格： 37.16 美元
总价： 11445.28 美元

构件： 材料：

内墙 隔热型 × 石膏墙板
外墙 镀锌铝波纹金属板 (722 平方英尺)
地板 露石混凝土 (见混凝土板)
顶板 隔热型 × 石膏墙板
门 玻璃面板车库门，一等标准门
窗户 半透明聚碳酸酯墙 (80 平方英尺)
加热／制冷 500W 电护壁板

  定位   总计

$ 11,445.28

$ 46,844.56

厨房 / 半身浴室 / 楼梯

统计
生产程序：   组建
平方尺寸：   364 平方英尺
每平方英尺价格：   67.43 美元
总价：   24544.52 美元

构件：   材料：

内墙   隔热型 × 石膏墙板
外墙   OSB 板
地板   黑色板岩
顶棚   隔热型 × 石膏墙板
屋顶   OSB 板 / 抛光竹地板
门   1 个标准门
窗户   见围合
橱柜   最好的质量
洗浴装置   厕所，水槽，洗衣机插座：最好的质量
加热 / 制冷   500W 电护壁板
楼梯   木头 / 竹子抛光

定位   总计

$ 24,544.52

$ 71,389.08

办公室 / 工作室 / 客房

统计
生产程序：   组建
平方尺寸：   420 平方英尺
每平方英尺价格：   59.15 美元
总价：   24843.00 美元

构件：   材料：

内墙   隔热型 × 石膏墙板
外墙   镀锌铝波纹金属板 (722 平方英尺)
地板   露石混凝土 (见混凝土板)
顶棚   隔热型 × 石膏墙板
门   玻璃面板车库门，一等标准门
窗户   半透明聚碳酸酯墙 (80 平方英尺)
加热 / 制冷   500W 电护壁板

定位   总计

$ 24,843.00

$ 96,232.08

主人卧室 / 浴室

统计
生产程序：   组建
平方尺寸：   442 平方英尺
每平方英尺价格：   61.55 美元
总价：   27205.10 美元

构件：   材料：

内墙   隔热型 × 石膏墙板
外墙   石膏墙板 /OSB 板 / 镀锌铝波纹金属板 (36 平方英尺)
地板   竹子 (300 平方英尺)，黑色板岩 (140 平方英尺)
顶棚   隔热型 × 石膏墙板
屋顶   OSB 板 / 镀锌铝波纹金属板 (104 平方英尺)
门   2 个标准门，1 个玻璃门
窗户   2 个店面 (325 平方英尺)
橱柜   石膏墙板，内置式壁橱
洗浴装置   2 个厕所，3 个水槽，1 个淋浴，1 个浴盆，最好的质量
加热 / 制冷   1500W 电护壁板，嵌入墙壁 1/2 厚

定位   总计

$ 27,205.10

$123,437.18

儿童房

统计
生产程序：组建
平方尺寸：294 平方英尺
每平方英尺价格：51.17 美元
总价：15043.98 美元

构件：　材料：

内墙　隔热型 × 石膏墙板
外墙　石膏墙板/OSB 板/镀锌铝波纹金属板（168 平方英尺）
地板　地毯
顶棚　隔热型 × 石膏墙板
屋顶　OSB 板/镀锌铝波纹金属板（186 平方英尺）
门　2 个等标准门
窗户　1 个店面（200 平方英尺）
加热/制冷　2 个 500W 电护壁板，2 个嵌入墙壁 1/3 厚

定位　　　　总计

$ 15,043.98

$138,481.16

波状铝制屋面板

统计
生产程序：钢结构生产者
平方尺寸：2898 平方英尺
每平方英尺价格：4.85 美元
总价：14026.20 美元

构件：　材料：

屋顶　.032 厚镀锌铝波纹金属板
顶棚　无遮藏木纤维隔热板
内墙　隔热型 × 石膏墙板
加热/制冷　吊扇

定位　　　　总计

$ 14,026.20

$152,507.36

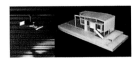

围合

统计
生产程序：标准构件
平方尺寸：1334 平方英尺
每平方英尺价格：14.61 美元
总价：19489.74 美元

构件：　材料：

内墙　50% 隔热型 × 石膏墙板，50% 半透明聚碳酸酯
外墙　多层隔热和半透明聚碳酸酯隔层
门　3 个玻璃面板车库门，1 个店面门
窗户　1 个店面（100 平方英尺），2 个铝制窗扉

定位　　　　总计

$ 19,489.74

$171,997.10

车库／楼梯／连接桥

统计
生产程序：　　顾客预订和预制
平方尺寸：　　200 平方英尺
每平方英尺价格：　20.01 美元
小计：　　　　4002.00 美元
其他：　　　　4000.00 美元
总价：　　　　8002.00 美元

构件：　　　　材料：

车库：
结构　　　　　钢
墙／屋顶　　　.032 厚镀锌铝波纹金属板
地板　　　　　混凝土地板
连接桥　　　　钢栅栏
螺旋形楼梯　　预制钢

定位　　　　　总计

$ 8,002.00

$179,999.01

13

14

13　从街道方向看的前视图
14　从花园方向看的侧视图

玻璃住宅

新建筑国际住宅设计竞赛，阿比盖尔·穆拉伊协作完成

这项工程是关于地平线的质疑。通过将建筑基础设置在地球表面，建筑涉及了地平线。绝大多数情况下，通常我们脚下的大地扮演着类似的永恒不变的固定物。其实，一些运动着的表面，例如我们行走的表面、我们睡觉的表面或者是我们洗浴时的表面，都是与大地相关联的。假如这些运动着的表面变成固定不动的，并且大地不得不断地适应，那么我们的建筑将会怎样呢？

组织

住宅围绕一张位于中心位置的桌子进行组织，并作为参照物。这样的表面同样扮演着住宅入口的角色，并且与地平线排列起来，更像是维托·阿孔奇的"我们目前身处何方（我们是谁）"中的装置。作为一种结果，住宅的地面不断进行变化以调整适应这种参照物的设置。餐厅桌子的表面与厨房平台一样，也和床、浴室水池、厕所、浴缸一样。走入住宅就像是行走在飞机跑道上，睡在住宅中就如同躺在餐桌上一样。将桌子与飞机跑道视为平等，使得食物、消费与流行联系在一起。饮食上的一些问题，比如厌食症或易饿病，通常是相似的流行工业进入意识层面的一种表现，类似于机场跑道上行走的憔悴的模特、进入住宅的消费产品表面以及进餐时的餐桌。

多样性

住宅是灵活的，两种不同的人可以居住其中，每种人占用桌子或床的一边。这些居住者可以是室友或者合作伙伴。他们可以分享彼此的生活，也可以做邻居。交流可以通过中心的参照物来完成。房间可以通过滑动的玻璃隔断板来改变尺寸。住宅可以完全向室外敞开，住宅的一边是轮椅可以到达的。住宅的平面由与参照物表面高度相关联的最小的斜面来确定。

材料

住宅可以为不同的使用者提供相应配置。玻璃隔断板所形成的区域对于支撑屋面的多重构造的固定结构体块而言是多余的。像显微镜的载物片一样，每块玻璃隔断板都包括配置不同生活风格的信息。住宅中的私密性是通过多层次的玻璃隔断板所包含的玻璃折射特性的运用来获得的。

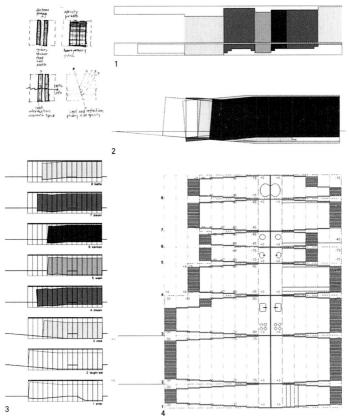

1　纵向剖面：由项目的私密性决定不透明性的多样性
2　合成剖面：不透明的核
3　不透明性的剖面
4　普通平面

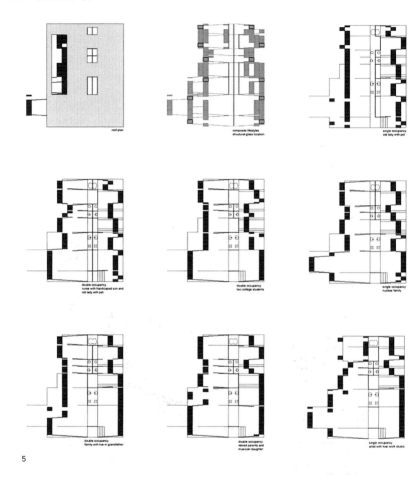

5

6

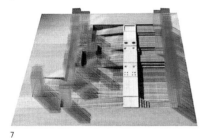

7

8

9

10

11

无线茶室

"模糊住宅" 新建筑国际住宅设计竞赛

如果只是制作 "方盒子" 是十分简单的，在室外只需要不到一小时的时间。然而，需要相当大的勇气将 "方盒子" 添加在你的意识里，并且成为 "盒子人（box man）"。无论如何，一旦任何人进入这个简单的、不吸引人的纸质卧室，然后从房子里面走出来，就变成了既不是人类，也不是 "盒子" 的离奇之物。

……当然，一个 "盒子人" 几乎是不惹人注意的，它就像一块被挤压的垃圾，存在于楼梯栏杆旁、公共厕所里或人行天桥下。但是，不同之处在于，"盒子人" 不引人注意，几乎是无形的。既然他并不是特别罕有，就会有许多机会看见他。我确信，你最少也见过他一次。但是我意识到，你并不接纳他，当然你并不是唯一这么做的人。即使没有未来的动机，人还是会本能地转移开视线。

为什么，我想知道，有人想故意成为 "盒子人"？

——科博·阿贝（Kobo Abe），《盒子人》

竞赛要求参赛者的作品反映科技进步是如何影响人类生活的，以及因此出现在普通家庭中的相应变化。与其说是提出一种硬件过硬的住宅，将居住者捆绑在一个固定的结构和格栅里，不如说是提出一个以软件为基础的住宅——无线茶室。为达到一种极致，这项设想提出一种反乌托邦式的未来，居住者可以选择通过科技的运用来使自己疏离社会，而过上一种游民的、脱离固定生活束缚的自由生活方式。

无线茶室没有任何电子设备。这种住宅只有一种设想：所有人所需要的科技，所有交流和材料所需的事物，都能在细胞因子（类型设备）中找到（见62页广告）。这就使得住宅变成一间原始的小屋，在这里居住可以做到真正意义上的接近大自然。因为它关于生活行为的仪式化——也就是说茶道——使得日本人的茶室成为这项设计的一种复杂的原型。无线茶室完全是由废物所构成——28 根木制的垫板，是在当地市政废物或堆在街边的废物中找到的。在这栋住宅中使用的木制垫板变成布置日本茶室中传统的榻榻米样式的同义语汇。

　　无线茶室中所使用的垫板，大部分由橡木制成，这种阔叶木是一种生长缓慢的木材资源。对于可移动的货物和由此产生的商品消费而言，这些垫板是看不见的工具。无线茶室试图反映科技的价值和废物的现状。尽管允诺一种摆脱束缚的自由生活，住宅仍然提出一种极端主义的模式，居住者可以选择隔离的、隐姓埋名的、匿名的或不为人知的一种生活方式，也许和流浪者或临时的旅人没有什么不同。回顾一下前人浪漫的茶道，我们可以发现，那些流浪的佛教僧侣犹如释迦牟尼放弃了作为王子的富裕生活一样，是为了寻求一种简单的生活方式。

　　通常，茶室被描绘成最简单的小屋，然而它的复杂性来自于仪式上的用途和使用。是不是从这个意义上来讲，小屋变成了建筑呢？茶室有两个入口：一个位于前面，是为宾客准备的，另一个位于侧面，是为主人或仪式的主持者准备的。由于入口很矮，人们必须谦恭地低头进入茶室。在此基础上，来宾安静地各自享受自己的感受，并承担一个观察的功能／角色。他们赞美日本壁龛中正式的安排，经过空间过滤的光线以及浸泡绿茶芳香蒸腾时的声音。

　　当我们在城市街头徘徊时，我们已经习惯于不让眼睛去注视那些废物：街道边堆得很高的成堆的纸板箱，运输之后散开的垫板，手推车倾倒的装废品的塑料袋，甚至于光污染以及刺耳的汽笛声。对于我们而言，这些令人厌恶的事情已经变得视而不见。同样的，我们对荒地上的居住者、暂住者以及社会中的离经叛道者也变得视而不见。*当来到无线茶室的时候，人们不会注意到那些不显眼的木制垫板。由于缺乏真实的开窗方法，人们根本不会注意是不是还有人居住。在茶室中，与仪式相关联的空间是完全不同的，并且集中在这样的观察中：观察仪式主持者细微的姿势，居住者围绕在四周，在灯光下或阴影中。

　　人们发现,观察、注视、被注视或是监督都在茶室中具有重要的职能。就像亚伯德的"盒子人"一样，茶室的居住者安全地隐藏在垫板的面具后面，而且，可以轻易地通过它们窥探到不被注意的过路人。从这种意义上来说，自由来自于不被注意。关注带有纹理的墙面和依赖于此所形成的空间，人们可以进入沉思的状态。

　　在我们所关注的未来生活中，科技已经被赋予了重要的责任。作为社会，我们关注的是把监控和监控信息视为时间的一部分。我们要求可见性和不可见性——对立的科技极性。在这些限制中我们发现：不正常的愿望想要观察却看不见，而也许是想要被看见实际上却没有真正被观察到。在这两个极端中，我们发现高度渴望的、精确的先进科技硬件以及它们的不必要通常摒弃了的软件的包装。

*   我是一个无形的人。但，我不是一个幽灵，不像埃德加·艾伦·坡的作品中出现的幽灵那样，同样，我也不是好莱坞电影中的异形之一。我是一个物质男人，有血有肉，有纤维组织和体液——我甚至可以说是拥有思想。我是不可见的，仅仅是因为人们拒绝看见我，就像有时在马戏团表演中见过的无躯体的头部一样，那只是因为被镜子和玻璃所包围的结果。当人们接近我时，只看到我周围的环境，他们自己或者他们想象中的事物——确实，任何事物除了我。

——拉尔夫·埃里森，《不可见的人》(纽约：Random House，1952 年)

1

| | 2 | 茶室建设步骤 |
| 1   无线掌上电脑广告 | 3 | 茶室平面和立面 |

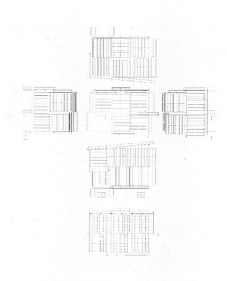

3

2

无家可归的人与网络相连

斯科特·琼斯
美国联合通讯社（美联社）

　　里诺，11 月———个无家可归的男人被发现住在一个像盒子一样的避难所里，而且用便携式电脑在网络上作洲际间的冲浪游戏。这个男人，是前任的 CEO 和软件开发商。9 个月前，他辞掉了工作，并决定靠网络生活。*

* 这篇文章是基于一个真实的故事，但完全是虚构的，并且美联社和斯科特·琼斯从未撰写过这样的文章。

4

5

6

7

4　茶室，安徒生·兰奇，美国科罗拉多州　　6　茶室，从客人入口处的内视图
5　茶室，夜视图　　　　　　　　　　　　　7　茶室，艺术家圣路易斯·吉尔德

家庭物体

下面的这些物体试图从不同的角度探索功能和概念上的理念。它们反映了解剖类推以及我们身体特征、性别和姿势的一种表达。通过对功能性标准化理解的质疑，这些物体试图推动使用者对家具的常规用途抱一种批评的眼光。我们通常坐在餐桌旁进餐，但为什么餐桌不能控制摄取食物的方式呢？如果你不喜欢这些食物，餐桌能够拒绝这些食物吗？

从人类的角度考虑，我们生活的习惯——我们看自己的方式——是如何影响我们接受或拒绝事物的呢？因为它们功能上的特性，这里所提到的物体可以更为有效地对普遍接受的文化理念进行质疑。这些物体通常具有一些功能，有时它们可以引领使用者忘记它们的具体形象，或者是超越它们纯粹的用途而理解其所代表的本质。

我宁愿我的作品中，理所当然地存在一丝荒谬或顽皮的成分。让一件家具拥有一个轮子，感觉怎么样呢？推动这样的家具时，它会转圈。我试图通过反映它的本质、功能来重新认识物体本身。在凳子上设计出排水沟，是源于我脑海中始终记忆的一幅画面：一个小孩眨着眼喘着气，最后尿在了座位上。我喜欢让我的作品使一些含糊其辞的人引起注意，让他们以后不再凡事理所当然、易于满足和惺惺作态。

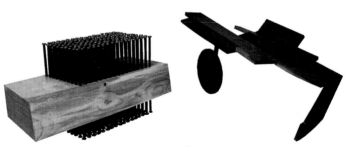

1   2

3

4

5

1　钉子长椅
2　带轮的折叠椅

3　煤渣木块凳
4　带轮子的木块凳
5　带轮子的桶凳

6

7

8

9

10

11

8　墨西哥发热座位
9　肯纳椅
10　户外烤肉椅
11　带排水沟的凳子

6　带洞的椅子
7　六人桌

12

13

14

15

12 以飞机为原型的平板椅子
13 第一把以飞机为原型的椅子
14 可移动的生活单元，侧立面
15 可移动的生活单元，俯视图　　　　　16 可移动的生活单元，正视图

莉萨·谢

　　有一天，我梦见自己变成一颗豆角树。我被限定在一小块圆形的土壤里，四周有竹栅栏和金属线制成的围栏。我的双脚深深地扎根于大地，我的头发呈扇形，散发出躯体的光芒。在丛生的枝蔓里，生长出成群的深色坚韧的大豆角来。我的意识是麻木的，但我的身体是稳定的。伴着微风，你能够听得见自由的种子在外皮中活泼的摆动。作为一颗豆角树是痛苦的，要负担巨大的豆角的重量，而且只能固定在一个地方，不能自由行动。我羡慕不断变幻、灵活的世界。

　　这里所选择的工程项目考虑了居住性、灵活性、适应性、可能性、自由度和活跃性上的灵动的理想。这些工程力求规划上的活泼性，功能上的灵活性，操作上的方便性和材料上的轻便性。建筑试图与这个多层面的、多变的世界的结合在一起。

城市卧铺

城市三部曲

中间生活 *

在一个密集的环境中，比如像纽约这样的城市，一栋可以支付得起的公寓，无一例外通常是不受欢迎的，满足不了人们的需求。家庭功能无法合适地容纳在一个单一的体量中，因此居住者被迫成为城市的流浪者。他们不断地迷失方向，从一个地方到另一个地方，模糊了家庭的意义和功能。

中间方案

中间生活破坏了二元的私密与公共之间的协调，带来了一种新的城市现象：私人行为在公共空间中的再现。当然，公共程序也被赋予了双重的意义：对一些人来说，茶室仍然是茶室，对另一些人来说，则变成了起居室。同样地，健康俱乐部成为城市浴室，自助洗衣店成为城市洗衣房，餐馆变成了城市餐厅。假如不是为这群迷失的人准备了城市卧室，他们就不得不待在房租昂贵却又并不招人喜欢的公寓里。

中间空间

尽管建成的结构里十分拥挤，一个场所还是成功地保持着完整无缺地待在那里：这就是中间地带（城市空间），它是由沿街的建筑（居住的容器）来环绕和限定的。

在纽约城的格林尼治村的八个街区里，实施了一项规划分析。这些街区形成了一个纵横相交的区域，水平方向由"街"来限定（自西向东从第 8 街到第 14 街），垂直方向由"路"来限定（南北方向的第 5 路到第 6 路）。每个城市街区都由沿街道网格布置的建筑（适于居住的实体）和由建筑所围合的虚空间（虚的城市空间）组成。纵览居住区域的中间方案（咖啡屋、康体俱乐部、自助洗衣店和餐馆）应该是可识别的和可记忆的。这项分析显示，尚缺乏能够满足人们中间生活需求的城市卧室。

* "中间"就是存在于极限之间的不确定和多变的中间场所。

　　随着中间方案可识别性的缺失，本工程的目的是设计出一个城市卧室，并创造出切实可行的中间生活。为达到这个目标，必须考虑到一些标准，包括紧密简洁、可支付性强、具有机动性。依据这些标准，城市卧室被设计成半透明的、充气式的"面具"，附着在建筑现有的立面上，面对城市空间。每个"面具"由四个睡眠单元组成，一个卫生间和一条走廊用于循环流通。每个"面具"的尺寸是 10 英尺 ×10 英尺 ×6 英尺，再加上一条狭长的 2 英尺 ×10 英尺的走廊。厚度则根据现有的公寓单元的尺寸确定。当充气膨胀起来时，城市卧铺就会凸出到城市空间（中间地带）中，当放气收缩时，就会与建筑立面齐平。

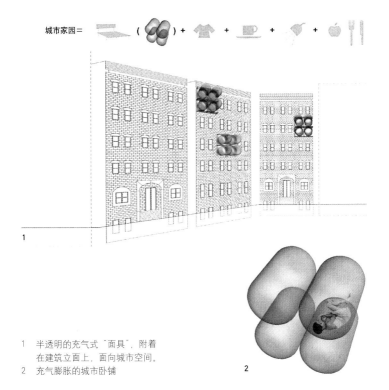

1　半透明的充气式"面具"，附着
　　在建筑立面上，面向城市空间。
2　充气膨胀的城市卧铺

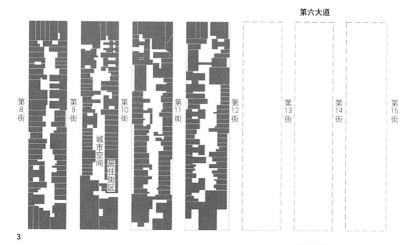

第六大道

第8街　第9街　第10街　第11街　第12街　第13街　第14街　第15街

城市空间

居住街区

3

第五大道

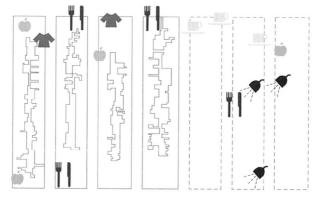

城市卧室

**城市洗衣房／
自助洗衣店**

**城市起居室／
咖啡室**

**城市浴室／
康体俱乐部**

**城市餐厅／
饭店**

4

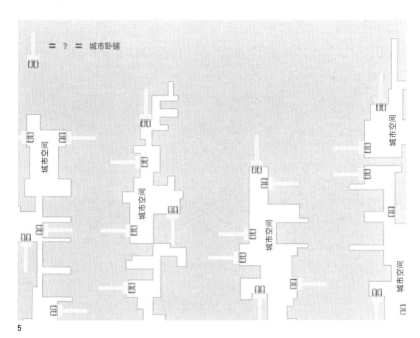

5

3　居住街区限定了"城市空间"或中间空间
4　中间生活：拥塞削弱破坏了二元的私密与
　　公共之间的协调，带来新的城市现象——
　　私密活动在公共空间中出现。

5　城市卧铺插入城市空间

6

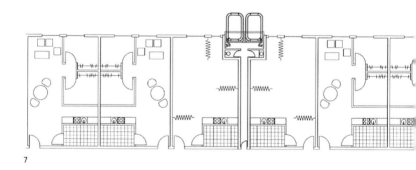

7

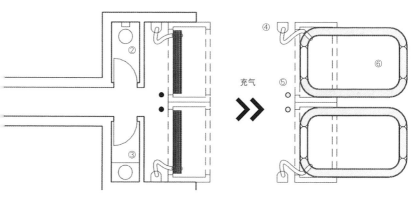

充气

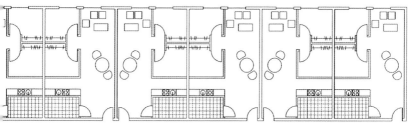

6　①走廊　②卫生间　③水池　④抽气机
　　⑤控制按钮　⑥城市卧铺
7　平面图

临时永久住宅

与漆志刚合作完成

临时永久住宅的设想是一个一流的辅助装备，用来应对大自然的和人造的灾难，它是一个便携的装备，由最少量的结构部件和非结构部件组成。结构部件，是永恒的和耐久的标准建造部件，包括十字形角柱、控制信道、球座、L形转角以及底盘。非结构部件，则是临时的和暂时的，生命周期较短，要进行更换。这些部件包括充气式墙体和屋顶系统、经稳定性处理的可拉长的弦索和扣件、组合插座和可拆卸地板。这些元素加在一起，构成了一个10英尺×10英尺的空间，可以置于一个10英尺模数大小的区域里，成为一个永久的居住空间。

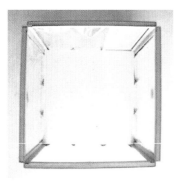 

1   2

3

经稳定性处理的可拉长的弦索

经稳定性处理的扣件

组合插座

4

通路

十字形角柱

伸缩门

可拆卸的 2×4 地板

地板垫

底盘

穿孔门

充气式墙休

折叠椅

5

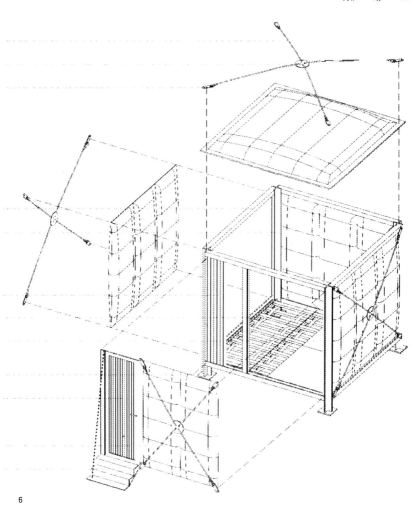

6

4　临时的部件：充气式墙体和屋顶，经稳定性处理的可拉长的
　　弦索和扣件，组合插座，可拆卸的 2×4 地板，伸缩门

5　永久的部件：十字形角柱，通路，L 形转角，球座，底盘　　　　　6　轴测分析图

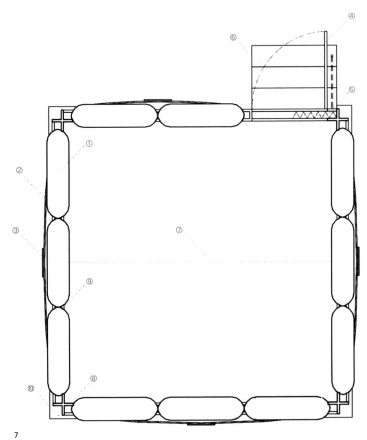

7

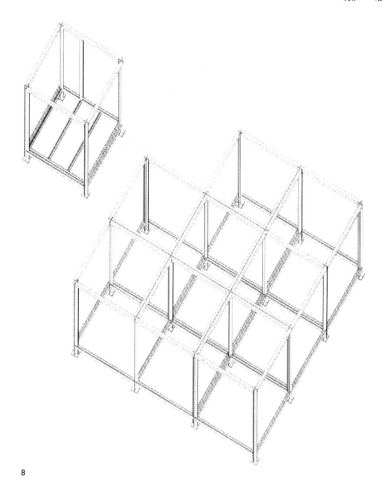

8

7　平面图：①充气式墙体
　　②经稳定性处理的可拉长的弦索
　　③经稳定性处理的扣件
　　④穿孔门　⑤收缩门　⑥折叠椅
　　⑦地板垫　⑧十字形角柱
　　⑨通路　⑩底盘

8　结构元素构成10英尺×10英尺空间，
　　可以放置在以10英尺为模数的一个
　　较大的区域，可以提供永久性的居住。

有机餐馆
与漆志刚合作完成

有机餐馆位于一块种满了农作物的田地上，本身就是一块田地。总的说来，田地在收获期时节开花并进入兴旺期，而在其他季节则消失无踪。当田地和餐馆都进入开花的旺盛时期，农作物瞬间的变化像天空中瞬息万变的云层，不同时间段里形成不同的形状；当农作物消失时，田地里则没有一丝痕迹，有机餐馆仿佛是空中的漂浮物。

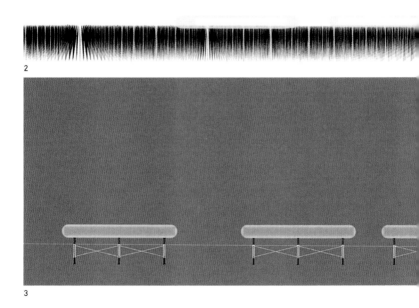

2

3

4

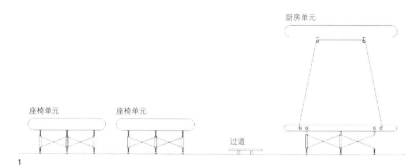

1

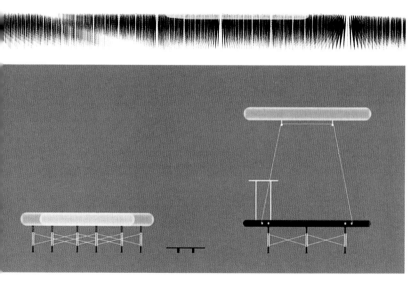

1　座椅单元和厨房
2　田地
3　立面图
4　座椅单元

N种组合住宅

> 是什么使得阿尔吉（Argia）不同于其他城市，是因为它用泥土代替了空气。街道充满泥土，房间堆满了泥土直到天花板，每个楼梯的位置都有一部反向安置的楼梯，住宅的屋顶悬着一层一层的岩石，像天空中形成的云层。

> ——伊塔洛·卡尔维诺，《看不见的城市》

N种组合住宅（N！House）的设计意图是将土地与空气分离——也就是说，实体与空间分离。住宅被设想成一系列同一模数机动性的房间，大小为5英尺×14.5英尺×10英尺。每个房间都是实体的（就像堆满了泥土），又都是空的（如同填满了空气），或者是一个拥有绿化景观的开放空间。通过置换房间，住宅可以变成用于起居、睡眠、工作的空间。从理论上来讲，共有1, 662, 295, 315, 000, 320或者24！/3×6！种方式来重新组织住宅的各组成部分。

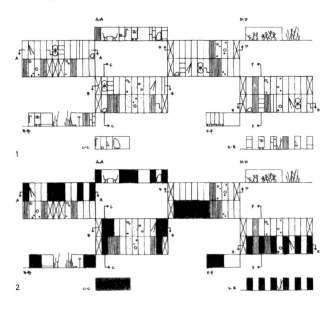

1

2

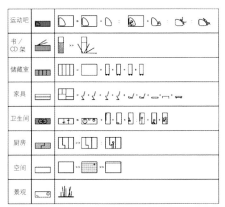

运动吧		
书 / CD 架		
储藏室		
家具		
卫生间		
厨房		
空间		
景观		

3

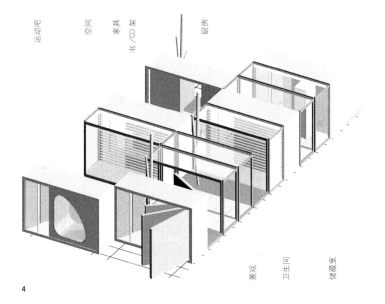

4

3　程序图表

1-2　平面图和剖面图　　　　4　计算机模型

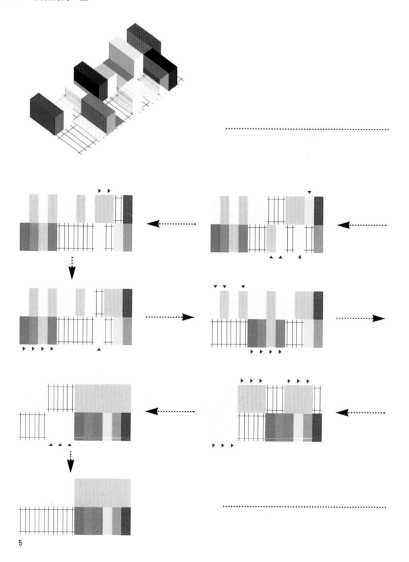

5

5　移动模块的运动

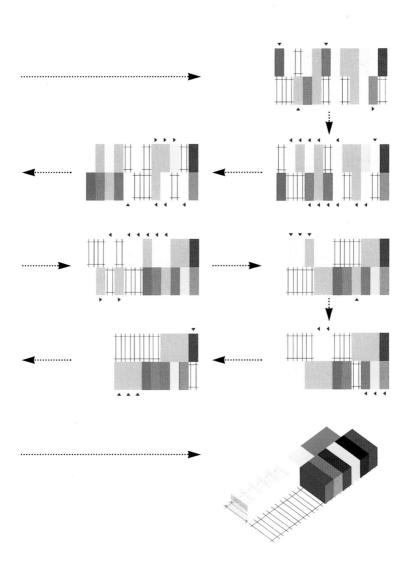

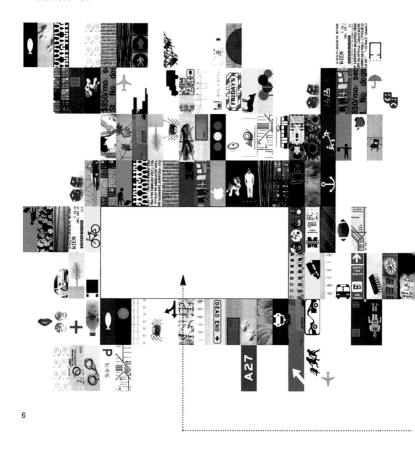

6

6   平面图:场地数据(左):连续统一体,分歧,
     份额,倒数
7   实体单元2:书/CD架;平面图和立面图
8   书/CD架模型
9   书/CD架模型

7

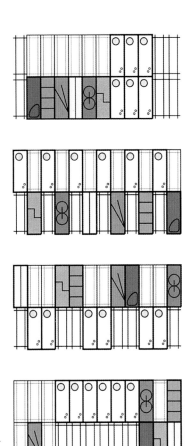

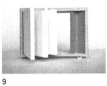

8　　　　　　　　9

零空间

零空间，是关于"居住特性"的装置，是一种轻盈灵活的建筑表现形式。

零空间力图表现设计上的轻盈灵活：它想要成为一个被隔离、遗忘、抹掉的场所。零空间力图表现功能上的轻盈灵活：通过调整皮肤的密度，它抹掉了不同标准之间的联系。此外，它的存在是通过皮肤密度来表明的。零空间力图表现操作上的轻盈灵活：安装零空间所需要的时间和劳动是最小的。安装的三个步骤是：首先将穿孔板放在地面上；然后将支杆插入穿孔板；最后将管状环形物缠绕在支杆上。整个结构是由重力和摩擦力来连接并支撑的，因此安装过程中不需要任何工具，它大约需要两个人用三个小时时间来装配或拆解它。零空间力图表现材料上的轻盈灵活：结构采用光亮的乙烯基管和丙烯酸支杆。这些材料可以被包装在18英寸×18英寸×6英寸的箱子里或72英寸×4英寸×4英寸的箱子里来运输。

安装方：漆志刚

1

2

3

4

5

3 安装程序
  ①将穿孔板放在地面上
  ②将支杆插入穿孔板
  ③将管状环形物缠绕在支杆上
4 环形物分层安装
5 细部   6 安装照片

6

斯特拉·贝茨

我们的作品最初关注的焦点是针对建筑和城市领域的个人体验以及个人如何理解、认知和操控周围的环境。我们进行调查研究，并力争给出场所或场地固有的自然模式和时间模式。

我们的研究方法包括针对这些模式的对于场地、地形、地形学的基础理解，到对场所的独特活动进行调查研究。我们的建筑作品运用从各项研究、地图、调查中挑选出的实际形式，试图从中揭示出潜在的条件：一间家具陈列室可以成为这样一个场所，即通过让观者从物体下面观察物体来强化观察体验，就像从其他角度观察一样；一个大厅可以成为一个功能上持续交叠，空间上人们不断运动的场所；一个住宅可以包括一系列标志时间的景观条件，因为它与穿越场地的运动紧密相连；一座城市可以成为一个不同人群共享自然景观，却又对日常生活模式具有不同理解方式的实验室。与居住相关的节奏和速度在我们作品中展露无遗，并得到检验。

体验未曾体验的事务，领会每日生活中的固有模式，最重要的是，享受这些体验带来的意想不到之处，通过我们的建筑将居住者带入一个充满活力的世界。通过这种方式，我们试图明确定位我们作品的主题并赋予它们活力。

循环回路服务器

印刷厂，纽约城

　　这项工程是一个位于曼哈顿商业区的印刷厂。设计的基本理念可以简单地表述为对设计流程做出直接的反应。业主需要对空间进行统一设计并重新组织，主要目的是为了提高产量，创造出一个场所，业主可以检查那些印刷材料。他们想要一个不同于以往那些传统印刷厂的独特空间。

　　从规划角度讲，业主的要求是双重的：首先，针对印刷行业产品从开始到完成的流程，设计要满足高效的流程是必需的，这意味着需要一个包括人员、材料、信息从一个部门到另一个部门流畅的流动渠道。其次，所有的设备必须与流程相配套并进行调整，例如电气、水、温度控制等等。

　　如同最初接到任务时，我们必须明白印刷过程、组织部门、设备布局等专业知识，我们意识到这项工程在规划设计上存在着特殊性，因此我们将工程设想为一个循环回路，印刷的组织要围绕一个中心循环空间有序进行，同时工艺上对于设备的要求是将设备布置在一条中心环路走廊里。这项工程变成一项系统的网络循环管道，在这里科技的和人文的交流通过中心服务器来完成。

　　这项工程共两层：街道层平面和地下一层平面。因为一半的设备必须置于地下室，因此设计出满足环境要求的楼梯不让人感到压迫感和孤独感，就变得至关重要。我们的解决方案是流动的楼梯间，在功能上而言，它是人流和信息流自由流通的基本通道。印刷厂的所有部门都要支持这个循环回路服务器，就像配线连接着整个印刷过程和印刷设备一样。

　　楼梯间的尺寸为 45 英尺 ×25 英尺 ×46 英寸，在建筑楼板上要开这么大尺寸的口。各部门之间的运转既要直接通过这个流通的开口，又要沿着它展开布置。通过空间上垂直于街道开口的定位以及材料的运用，既要有自然和人造光线，又要允许空气流通，我们能够将光线和空气带入整个印刷厂。

工程组：斯特拉·贝茨，大卫·利文；摄影：伊丽莎白·费利切拉

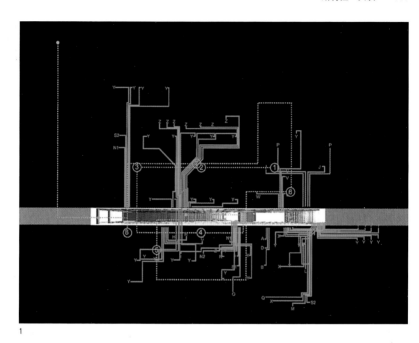

1

2　　　　　　　　3　　　　　　　　4

1　循环回路图
2　从楼梯上部看的视图；底片生产部门在右侧
3　位于底片生产部门和印刷间之间的连接桥视图
4　从楼梯下部看的视图

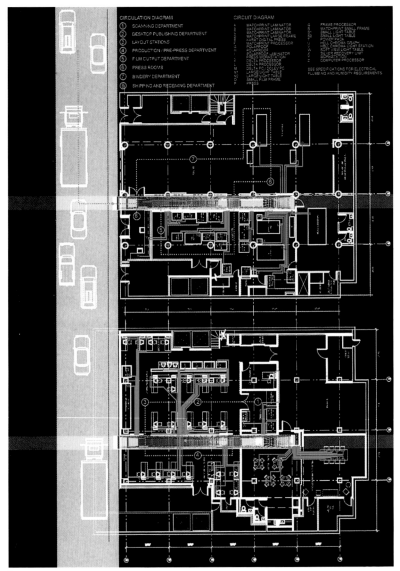

5
FILM OUTPUT DEPARTMENT

4
PRODUCTION / PRE-PRESS DEPARTMENT

2 1
DESKTOP AND SCANNING DEPARTMENTS

VIEW FROM UNDERSIDE OF INTERSECTION BRIDGE

6

5 平面图：首层平面图（上）
　　　　地下室平面图（下）　　　6　中心循环空间（上）；从连接桥向上看的视图（下）

地板在上，屋顶在下

(标题来源于戈登·M·克拉克；布朗克斯地面，1973 年)

家具展室，纽约城

这项工程是位于曼哈顿市中心区的一个家具展室。类似于此前的工程一样，设计概念直接来自于项目自身。我们对一间展室所应该具备的观看和展示活动本身十分感兴趣。这项工程是一系列观看活动设计，利用布置在地板上的窗户和墙面上的镜子再来展示物体的下方和多层面的特征——无论是对城市，用于展示的家具片断，个人购物者，还是出售活动本身。

有关这个二层展室主要设计由三个地板开口组成。这些开口提供了用于家具展示的三个独特的方式，同时允许视线在展室外和展室内自由穿行。视线可以穿过地面层深入到下面的空间，或者返回到街道和城市本身——这取决于观看者所在的位置。

三个地板开口中的每一个都定位在一个地板图案之上，这些图案是在街道层和地下层的地面上。在两个主要图案的标志处，装有镜面嵌板，它可以面向城市和销售桌进行反射，展室地板上简洁的图案是浓缩城市网格得出的图案，并且一直延伸到商店外面的人行道上。地板图案作为一种定位的工具，不仅仅是为开口准备的，同时也是为了方便来访者。

展室中的展品是围绕着三个地板开口布置的。出售情况从各个方向都能看见，视线可以穿越所有的空间以及各层，当购物者移步到一条标志性的通道上时，他们的影像就会被在特殊的点位上放置的镜子反射出来，城市的形象也可以通过地板上的开口形成大体框架。

第一个地板开口位于展示区域：

这个开口是一个薄板结构的玻璃带。玻璃地板允许家具放在上面进行展示、供人参观。同时，人在下面行走时也可以观看，就如同从上面观看一样。这个开口允许光线穿过街道层进入到下面一层的展室和工作空间。夜间，光线则从下面一层向上面的街道层渗透。

第二个地板开口位于展示楼梯区域：

　　这个开口有一个流动的、不固定的丙烯酸展示平台，允许人们上下楼梯时从不同的角度看到部分展品。

　　第三个地板开口位于销售区域：

　　这个开口主要是一个透明与半透明结合的销售桌。桌子定位在地板的一个开口处，沿桌子的长边是半透明的，两个端部和上部则是透明的，用来容纳一些必需的线路，这些线路主要应用于销售设备上——包括电脑、信用卡机器、电话等。人们在上层或下层都可以观察到整个销售事务办理的过程。

　　这样的理念创造出高度和谐的展室空间，在这里参观者都是建筑、展品以及展览中买卖行为的积极参与者。

工程组：斯特拉·贝茨，大卫·利文；摄影：伊丽莎白·费利切拉

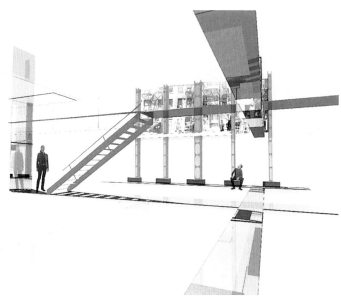

1

1　地板开口展示图

3

4

5

6

3　第一个地板开口：从店面下方观察

4　第一个地板开口：从店面下方的办公区观察

5　第二个地板开口：在楼梯下部，展示平台下面观察

6　第三个地板开口：从销售桌角度观察

2　第一个地板开口：店前展示

梯级住宅

私人住宅，卡次启尔

梯级住宅（Step House）是一栋住宅设计，位于纽约州北部一块 11 英亩的土地上。工程的设计理念，是从场地获得的，特别是我们对追踪景观的速度十分感兴趣。斜坡用地的运动和方向，与个人步行的速度相关。确定速度并因此形成了一系列的平台。场地的策略是在地图上表示出一条两个连接点之间的小路（在车道和小溪之间），在场地中，住宅本身就是系统的平台中的一个"场所"。

景观中一系列的平台确保了当一个人向着小溪行动时，可以通过陡峭的山脉。这些平台从道路一直延伸到山脊，它们的功能就如同形成梯级住宅的最重要的发电机。用地上绿树成荫，通过坡度来实现它的可识别性。坡地刚开始比较和缓，然后在中部急转直下，在一条宽阔的小溪处又变得平缓起来，用地在此处也变得最宽。我们将住宅设计在山的边缘处，想要表达出地形上的特色，通过逐步下降的平台系统来接近水面。

地形特色、东向面水的视野和用地的向阳定位都是这个住宅设计中想要表达的最重要的自然特征。一层绝大部分采用开放的玻璃作为维护，住宅的一层被构思为整个景观系统中的一个大平台，二层则被抬起，并且较为封闭。二层的功能特征主要是成为绿树丛中的避风港。用地倾斜向下，建筑中一层和二层绝大部分都选用了细木家具，它们既组织了空间，又使住宅得到很好的规划。这个木质的方盒子在入口处就将厨房和起居室分开，并且在一层提供了存衣壁柜，二层则成为卧室和大厅之间的分隔，并且连接室内和室外的空间。

工程组：斯特拉·贝茨，大卫·利文，马修·考斯瓦尔

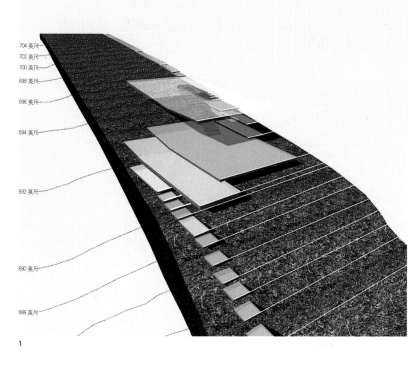

1

1　场地图解

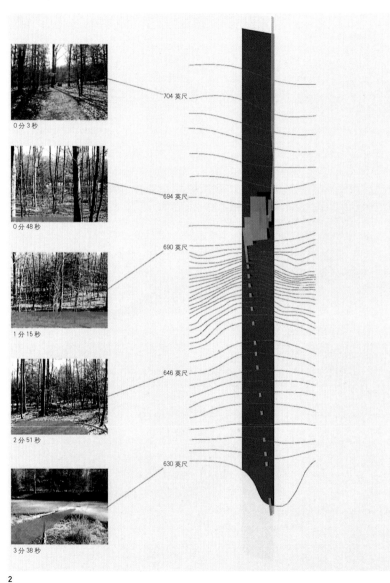

0 分 3 秒

0 分 48 秒

1 分 15 秒

2 分 51 秒

3 分 38 秒

704 英尺

694 英尺

690 英尺

646 英尺

630 英尺

3　室内透视图，向东面看
4　平面图
5　北立面图和南立面图
6　长向剖面图
2　场地平面图　　7　短向剖面图

反射城市

屋顶公寓，纽约城

　　这项工程是纽约一套位于 20 层的屋顶公寓，面向北方，西面就是帝国大厦和克莱斯勒大厦。工程理念的设想来自于对于场地的解读。既然公寓周围的视野范围内都是著名的大厦，设计者决定将周边环境中这些著名的大厦景观融入公寓的设计中来。因此，帝国大厦和克莱斯勒大厦将被视为公寓设计内部空间的组成部分。正因如此，我们对于比例和距离的变形十分感兴趣。为获得想要的效果，我们设计了一个屏幕，用于重新调节城市反射到内部空间的图像。

　　基本的设计元素是多层玻璃墙，它的功能是作为影像和光线的捕捉设备。这面玻璃墙就像是屏幕一样，可以重新调节反射的城市景象。它起始于入口处，覆盖了整栋公寓的宽度。墙面在转角处稍微弯曲一些，也是为了捕捉反射影像，同时增加了室外的视线范围，将室外景观更好地引入室内空间。此外，玻璃墙面允许通过一定数量的光线，这样可以使城市周围景观更好地在它的表面上得以展现。

工程组：斯特拉·贝茨，大卫·利文；摄影：伊丽莎白·费利切拉

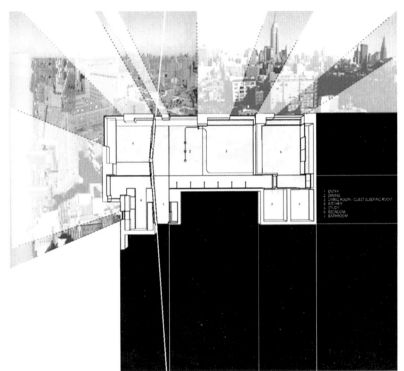

1　ENTRY
2　DINING
3　LIVING ROOM : GUEST SLEEPING ROOM
4　KITCHEN
5　STUDY
6　BEDROOM
7　BATHROOM

2

1　玻璃幕墙的视频照片　　　　　　　　2　平面视野图

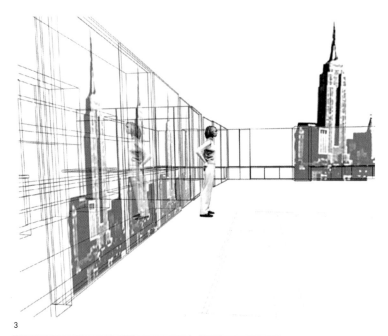

3

4

5

6

7

8

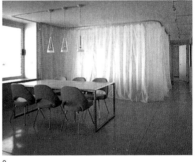

9

3　玻璃幕墙反射的画面

4　帝国大厦在玻璃幕墙上的投影

5　入口

6　从厨房望去

7　起居室

8　从起居室望去

9　起居室

山脉之间的空间

耶路撒冷－拉马拉－伯利恒地区的城市设计方案

　　这项工程是一个理论意义上的城市设计方案，主要是为耶路撒冷—拉马拉—伯利恒这一广大地区设计的，该方案收录在一本已经出版的著作《明天的耶路撒冷》中，编者是迈克尔·索金。

　　这个方案是一份观察报告的成果，这份观察报告是关于耶路撒冷—拉马拉—伯利恒地区自然条件和日常活动的。这些观察报告成为工程的基础资料，他们还制定了一份详细的研究，主要是针对该地区复杂的政治、社会、文化以及宗教元素的相互影响和相互作用。

　　工程开始于两项调查：一是检查该地区的自然地形情况以及它对于城市生长的影响；二是日常生活的统计以及如何使该地区特殊的现实生活节奏标准化。

　　关于地形学的分析显示出耶路撒冷—拉马拉—伯利恒地区是深受两条独特的山谷体系的影响：一条山谷从东进入，另一条从西进入。两条山谷将该地区挤压成南北向线性的城市构成。这些大自然存在的山谷——或者说是山脉之间形成的特定空间，已经在功能上成为该地区真正的物质边缘——是被提出的调停的所在地。

　　因为该地区的自然景观条件限定了建筑环境，所以基督教、穆斯林和犹太教等宗教的朝拜时间（代表每年神圣的周期）就形成了每日生活的框架。人们的日常生活都发生在朝拜的间隔期里，也就是说，在预先确定的朝拜时间的间隔里。因为该地区有三个主要的宗教，它们的朝拜时间并不同步，但这三个不同的宗教团体却要分享共同的圣地，因此一种宗教信仰周期的交叠与隔阂冲着其他宗教人们的日常生活。该地区现在的结构大部分就是由每日、每星期、每月、每年的朝拜时间所赋予的。

　　我们的方案坚持一系列悬浮结构，介于两个节点之间（山脉与山脉之间）。场地提供新的领土用于在历史和文化的"封闭系统"中建造建筑。通过选择这样的场所作为调停该地区未来发展的所在地，我们希望证明该地区可以成为一个综合完整的整体，它最高的层面并不是建立在有争议的土地上，而是空隙——那些传统上的自然边界和规定边缘，与邻居和社会相隔离。

　　方案有三块用地组成，每块用地都是由生长结构构成，包括居住、商业、教育、休闲娱乐以及市政等元素，都依据他们各自的中心规划功能展开。

　　每块用地都有不同的建筑策略，与各自的地形条件相关联。

工程组：斯特拉·贝茨，大卫·利文，大卫·斯奈德

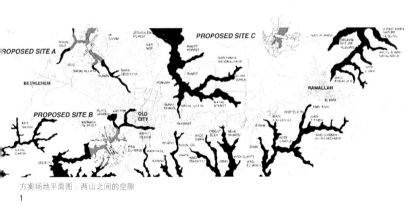

方案场地平面图：两山之间的空隙

1

1　方案场地位置的地图

与日常祈祷周期相关的现存休闲娱乐系统。

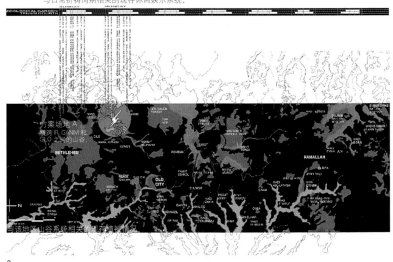

2

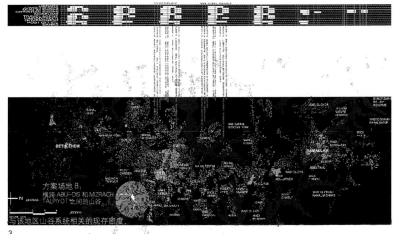

3

2　与该地区山谷系统（地图）相关的现存植
　　被情况；与日常祈祷周期（表格）相关的
　　现存休闲娱乐系统。

3　与该地区山谷系统（地图）相关的现存密度；
　　与日常祈祷周期（表格）相关的现存商业
　　体系。

与日常祈祷周期相关的现存交通系统。

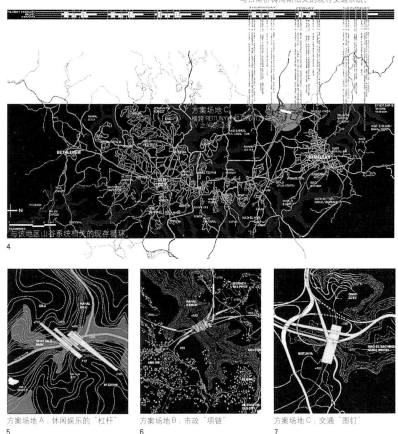

与该地区山谷系统相关的现存循环

4

方案场地 A：休闲娱乐的"杠杆"　　方案场地 B：市政"项链"　　方案场地 C：交通"图钉"
5　　　　　　　　　　　　　　　6　　　　　　　　　　　　　　7

4　与该地区山谷系统（地图）相关的现存循环，
　　与日常祈祷周期（表格）相关的现存交通
　　系统。

5　方案场地 A：休闲娱乐的"杠杆"（一个杠
　　杆与一系列斜坡，这块用地中心规划功能
　　是休闲娱乐功能，由斜坡的公园系统组成，
　　产生出这种类型的基本形式和功能。）

6　方案场地 B：市政"项链"（一条项链，伸
　　展开穿过山脉，悬浮的珠状结构。中心规
　　划功能是政治和市政中心，由一条主要的
　　东西向地区要道展开的建筑组成。）

7　方案场地 C：交通"图钉"（一个图钉，用
　　一个简单的酒吧连接各方领土，中心规划
　　功能是交通中心，由所有交通系统多层次
　　的终点站组成。）

时间密码

一栋住宅建筑的大厅，纽约城

　　这项工程的设计理念是一个追踪装置，用来测量从街道进入大厅的个人活动和运动的步调。时间密码被记录在建筑的表面，个人的移动，"进"或"出"的时间可以通过墙面或地板上的校准仪来记录。

　　这项工程的第一个元素是室外立面。建筑位于曼哈顿市中心的一条步行街上，这栋住宅建筑的大厅反映并形成了人们来来回回在这条重要的商业带上的运动。所有相邻的建筑都是商业店面，视线可以穿越到商店的后面。

　　大厅面对街道一侧的立面，通过对情绪的表达，允许有选择的视野，扮演着城市环境中一个反转窗口的角色。大厅的设计只有一部分采用透明的围护结构，因此为房客提供了更大的私密度，同时为房客和看门人展示了室外的风景，当人们在室内空间行走时，眼前仿佛在播放一幅幅反射图像的片段。

　　这项工程的第二个要素就是大厅本身——特别是它的活动韵律和模式。水磨石地面的凹槽接缝的排列反映了这些韵律，并且成为居住者行动速度和大厅中人们行为的一种模式。它是一种测量的尺度，关于居住者在单一给定的时间里的一种测量尺度。地面上的线条一直延伸到相邻的墙面上，但是在北面的墙上由玻璃所打破，南面的墙上则由水泥板打破。

　　当人们通过时，大厅里的建筑要素可以追踪测量人的运动，剪切他们的影像。最基本的要素是一面玻璃墙，位于镜子前面，墙面上有水平方向的片状开口，贯穿整个大厅的长度。其作用有两个方面：镜子前面是风化玻璃，可以感知到细微的运动，并反射出来。但是在开口处，镜子暴露的部分，则会形成清楚的、剪切的影像。这些开口位于不同的位置，而这些位置恰恰是大厅里人们活动的位置。

　　开口1——电梯区——离地面约60—69英寸高，贯穿整个电梯厅的长度。根据你的高度，当你等候电梯或走出电梯时，可以看见身体的一部分。

开口 2——座椅休息区——离地面约 36–41 英寸高，并且贯穿大厅的整个休息区的长度。开口高度是与人坐在休息区长椅上时的视线相关的，人们可以看见自己。当人们走过时，坐在椅子上的人还可以看见成年人的中间部位以及孩子的头部。

开口 3——入口和邮筒区——离地面约 51–63 英寸高，贯穿整个入口长度，与休息桌的端部排成直线。这样的高度可以让看门人看到进出的居住者或邮递员的活动。

与整个空间中墙面、地面上的片段和标记相呼应的是三个水平平面：第一个是雨篷，在室外覆盖邮筒区域，室内则覆盖着休息桌区域；第二个是休息区的桌子本身；第三个是等待区的长椅。每一个元素的设计都依据各自的功能而置于不同的高度，像玻璃墙面上的开口一样，它们创造出整个空间中来回运动的一种条件。

工程组：斯特拉·贝茨，大卫·利文；摄影：伊丽莎白·费利切拉

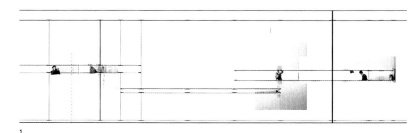

1

1　部分北立面图，展示出玻璃墙上的开口

2

3

4

5

6

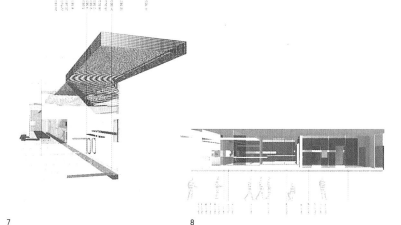

7　　　　　　　　　　　　　　　　8

2　入口立面图
3　入口大门景观
4　从后面看的景观　　　　　　　6　玻璃墙细部
5　玻璃墙的片断细部　　　　　　7　大厅，基于活动的时间密码的凹槽接缝模式
　　　　　　　　　　　　　　　　8　南立面图，展示出凹槽接缝模式

本·查克威茨

　　因为我们的文化变得逐渐融入数字世界，所以我们变得更加关注非物质世界。同样，今天的建筑师正面临着进退两难的局面，那就是文化的物质表现被吸收到非物质或者是虚拟世界中。我对这两个世界的交集很感兴趣。因为在这两个世界中，建筑呈现出数字媒体的品质，并且数字媒体跨越进入到物质世界中。

　　在许多方面，建筑师通常处于一种荒谬的位置上，既与物质世界相关，又与非物质世界相关。尽管我们对物质材料的排列和组成十分负责，我们却很少参与到物质建设中。我们通过建筑表现的吸引力来进行操作。与独自工作的建筑师相比，我已经将所参与的建设在这里做出了展示，正是通过直接的物质体验，我才学会重视它们。这种观点可以非常清楚地在我的工程作品中得以验证，例如位于神秘岛上的小屋。

　　下面这些工程都是想要更为直接地表达出物质和数字之间的关系。一些工程，如箱屋，就是试图打破传统意义上的静态的建筑本质，但仍然运用材料语言和形式语言来进行操作。其他一些工程，比如说虚拟地标和数字模型，试图将物质或有形品质带入到数字世界中。通过这种形式，关于潜在文化中物质性的丧失，可以被看成有些许保守，他们试图反对现在的趋势和潮流。

小屋

作为一处夏季度假的场所，这栋小建筑位于不列颠哥伦比亚西海岸的一个岛屿上。建筑坐落在离水很近的位置上，周围都是浓密的树林。建筑设计的重点就是要创造出南向面临大海的开阔的视野。因此，一条定向的轴线就形成了，起始于建筑的北向入口，一直延伸到主要的南向景观。建筑围绕这条轴线展开，设计中的每个细节从整个体量到细部设计，都表达出伸展和接近水面的感觉。

屋顶的梁一直延伸到室外，将人们的视线引向大海和天空。建筑中的梁、托梁、窗框、甲板平台都是由雪松木建造的。这些雪松木最初是黄色的，时间长了之后，木材逐渐变成成熟期时候的灰色，与标准的焊合金属屋顶十分相配。屋顶和墙壁都从室内延伸到室外，不仅仅是为了室内与室外的区别，更是为了遮阳的作用，避免过量的太阳直射。

这栋建筑是1994年设计的，并且已经完成了第一阶段的建设。现在，我就住在这里，与当地的一位工匠兼施工者伊恩·莫特在一起。

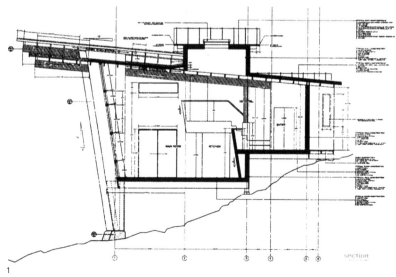

1　剖面图和平面图　　　　　　　　2　模型照片（下页）

1

3

4

5

6

7

3　从西向看的模型照片
4　从北向看的模型照片

5　建设场地
6　主要平台的边缘处
7　梁、柱和基础

箱屋

因为我们对于空间的理解是空间应该更加流畅、适应性强、具有多层次性，所以我们在建筑中就是这样去做的。这个项目重新思考了房间的定位，认为房间不再应该是静态的、有基础的。为了设计出宽敞的、开放的、室内的空间，箱屋应同时满足多种需求：它是一盏灯，一个屏幕，一个储存容器，一间卧室。它既是一件家具，又是一栋建筑。它能承载一个个体的属性，同时又能够作为个人移动的容器，它能够重新装配，变成一个可以居住的空间，或者是插入另外一个更大的空间。

箱屋的墙是由聚丙烯板、金属纽扣和室内荧光设备组成。壁橱，同样也作为门使用，是用聚亚胺酯泡沫、达可纶和合成弹力纤维等材料制成的。储藏空间被隐藏在床的下面，或者是藏在地板／托架的秘密隔间里。箱屋的每一部分都有脚轮，可以保证在居住空间里自由地移动。

因为这项工程与运动和重组有关，数字媒体——胜于印刷品——是表现它的最佳媒介。如果读者想要更深入的了解这个项目，请登陆下面的网址 www.checkwitch.com/pod。在网页上，你可以找到相关文件，使用时间和运动作为描述它特性的一部分。事实上，在线文件可以被视为项目的第二阶段，因为它的照片和动画图片是一个数字和现实的混合。

1

2

3

4

5

1-5　箱屋

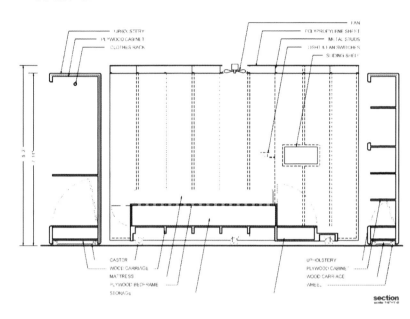

UPHOLSTERY
PLYWOOD CABINET
CLOTHES RACK

FAN
POLYPROPYLENE SHEET
METAL STUDS
LIGHT & FAN SWITCHES
SLIDING SHELF

5'-3"
7'-11"

CASTER
WOOD CARRIAGE
MATTRESS
PLYWOOD BED FRAME
STORAGE

UPHOLSTERY
PLYWOOD CABINET
WOOD CARRIAGE
WHEEL

section
scale 1/4"=1'-0"

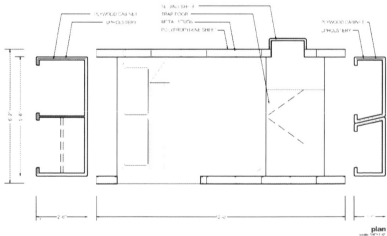

PLYWOOD CABINET
UPHOLSTERY

SLIDING SHELF
TRAP DOOR
METAL STUDS
POLYPROPYLENE SHEET

PLYWOOD CABINET
UPHOLSTERY

6'-2"
5'-6"

2'-6"
12'-0"

plan
scale 1/4"=1'-0"

6

6　剖面图和平面图　　　　7–8　箱屋

7

8

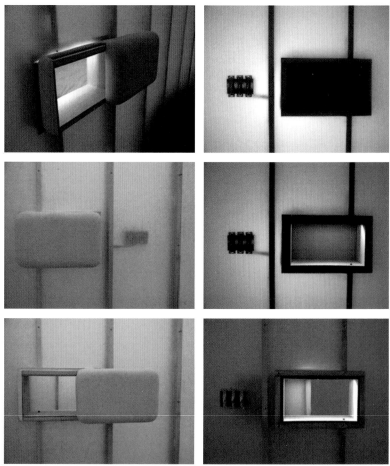

9

10

　　　　　　　　10　蒙太奇照片

家具

这两件家具是基于正式的表现语言发展而来的，属于一种探索和尝试，家具设计既符合动力学原理，又简洁富于变化，并且稳定性能良好。桌子由钢质框架和玻璃桌面组成。玻璃桌面下面是表面光泽的木质抽屉，它安装在钢框架上，可以滑动。椅子是由白桦树的板材、工业毡制品和钢琴铰链制成。展开时，它的各部分就会锁定在一起，形成稳定性良好的结构，人可以坐上去。

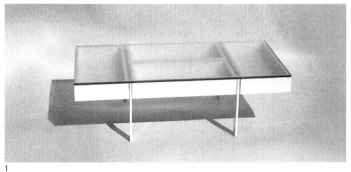

1

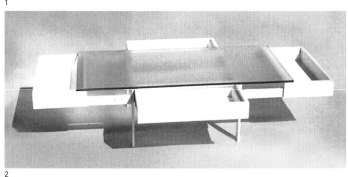

2

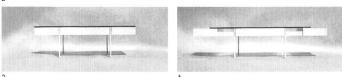

3   4

5

6　　　　　　7　　　　　　8　　　　　　9

1　抽屉关上时的桌子
2　抽屉拉开时的桌子
3　抽屉关上时的侧立面
4　抽屉拉开时的侧立面

5　展开的椅子
6-8　折叠起来的椅子
9　椅子．背视图

数字地标

　　数字地标位于纽约布鲁克林区，与威廉斯堡大桥临近，这栋建筑是多米诺糖厂的职能组成部分。这个项目提出在每块有颜色的玻璃板后面设置较暗的光源。假如人们把每扇窗户都看作是一个十分巨大的像素，那么整栋建筑的立面就可以被看成是一个超乎寻常的低分辨率的计算机屏幕。通过网络使用者对立面的控制，给予虚拟社会一个物质存在。

　　有几种方式可以操纵这个装置。它可以在特殊的夜晚、特殊的时间呈现出或永恒或活跃的状态。不同的动态光线设计可以有选择性地服从于网上投票，或者是选择界面设计师可以控制的方式，巧妙地处理立面效果。通过这种方式，任何人都可以登陆进入系统，并且在物质世界中拥有一席之地、充分展示自我。

1

2

1　现有的多米诺糖厂透视图　　　　　　　　　　　2　现有箱形结构透视图

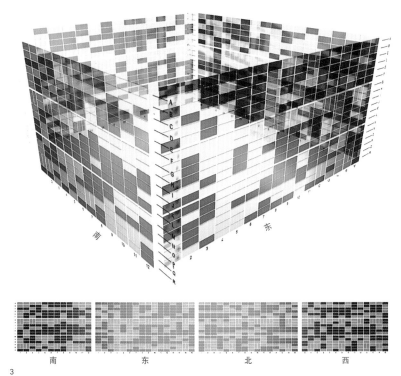

南   东   北   西

3

4

5

6

7

数字油泥模型

假如我们做事的方式影响了我们正在做什么的话，那么这个假想的工具可以被视为对此的一种批评，这种批评是关于标准模式的人类计算机界面是如何强调视觉并将我们从物质世界中剥离出来的。因为计算机追求将信息分离，成为思想单元（例如像素或者二进制的1和0），我们关于计算机触觉的体验已经被缩减到通过手指尖的微小接触来实现。然而我们视觉的体验却变得更加丰富。预期的目的是为了那些数字化设计的物质人工制品，这个模型工具试图转移视觉注意力，强调手作为工作、实验和游戏工具的重要性。

这里展示的模型是由三维悬浮点的矩阵通过灵活的凝胶体组成。每个点位代表了一个电容传感器。如果每个点之间的距离是已知的，那么就可以对这个工具的手动操作系统进行登记。这样，就可以被用来影响整个数字模型或者是一个较小的区域。

数字油泥模型试图使手和计算机之间的相互作用更加直接。历史上建筑表现单一化的形式是建筑师作为建设者，然后抽象建筑成为图纸，再用 CAD 绘图。而这个工具试图运用数字技术倒转整个过程，从而使 CAD 变成更加物质的过程。

1

1　数字模型的实物原尺寸模型　　　　　　2　手工操作的数字转化

手工操作   数字转化

挤压

弯曲

扭曲

2   伸长

桌子／屏幕

这是一项设计者想将其他工程中的许多理念融合在一起的尝试。像前文提到的家具的例子，它是可以转化的。像箱屋一样，它服务的目的不止一个。像多米诺糖厂工程一样，灯光被用作最主要的媒介。像数字油泥模型一样，它重新审视了当代建筑的表现。

最初，桌子／屏幕设计的目的是对青年建筑师的作品进行展示。就像某栋建筑中的画廊空间，由麦金、米德和怀特设计，最初只是一间在端部装有镜子的会客室。LCD 投影机的使用，使得计算机动画和影像被投射到镜子上，然后在被反射回屏幕上。36 英寸 ×48 英寸 ×3/4 英寸的屏幕，外面有药剂涂层，它的制造是为了工程图像展示而特别准备的。

结构上的钢质电枢，将单元转变成一个设计桌。屏幕折叠下去之后变成了桌面，桌下放置的镜子可以将投影机的数据传入桌子表面。在这个装置里，绘图表面和计算机屏幕合并在一起，允许在手绘和计算机绘图之间尽享更自由的转换。

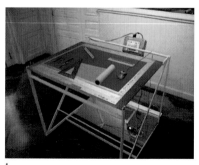

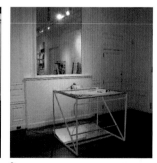

1

2

屏幕结构

桌子结构

3

1—2　桌子结构　　　　　　　　3　侧立面，展示从屏幕到桌子的转化过程

4

5

迈克·莱瑟姆

当代生活中的科技所表现出来的物理属性，可以改进日常生活的结构和体验。建筑，如同围绕着我们的各种因素和社会趋势一样，正是通过展示各种元素与社会趋势之间的关系，来建构并在社会进步中承担重要作用的。因此，建筑旨在让人们理解"建"，并学会如何使用它们以及使用它们的原因。

这种对于实践作品的关注，其影响主要表现在三个方面：运动、比例和透明度。这种在生长过程中表现出来的时间和空间上的联系与类似之处，通过加速传播和加速的信息交换，形成了整体到部分的分类——易受影响的、易识别的和流动的，并且更像是信息本身。无论如何，就建筑、家具、室内或是机械角度而言，所有作品都是由小部分的信息或材料组合而成，并且可以形成引人注目的具有挑战性的建筑作品。这些小部分组合在一起，就形成了容易引起争议的、字面意义上的、具有说教意味的透明度。

我们以信息作为基础的社会通常习惯于个人运用新的方法来审视和理解事务。迈克·莱瑟姆的艺术公司，作为一个多媒体实验室，处于建筑、艺术、科技等诸多领域的交汇点，致力于在纷纭复杂的大千世界中调查研究和建构独特的场所。我们的作品是试图运用新的语言来表达个人对建筑的理解，也是我们对于当今社会需求所做出的积极回应。我们的作品，改变着信息时代。

LOFT.1

LOFT.1 是在有限的空间中针对不同活动的交叠而做出的设计。主要设计元素是玻璃橱窗，一个可移动的玻璃储存空间，尺寸为 6 英尺 × 6.5 英尺 ×6 英尺。通过它们各自的内容来做出限定，这些橱窗因特殊的方式而极具活力，无效空间包围着它们，空间是没有界限的，主要是针对变幻的需求，诸如工作、会客、起居，而做出相应调整。这些橱窗通过重组，用以取代墙体，形成类似屏幕一样的东西。各种设计之间可以伸缩、流动、后退，甚至是互相侵占，通过使用这些元素作为墙体和储存空间，成本被充分地压缩。另外，租赁空间中持久的用于改进的费用是可以避免的。玻璃的运用满足了开放性的需求，同时也使得光线易于进入，因为有的区域距离窗户有 70 英尺的距离。

摄影：安德鲁·鲍德温

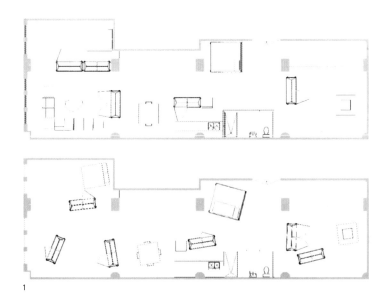

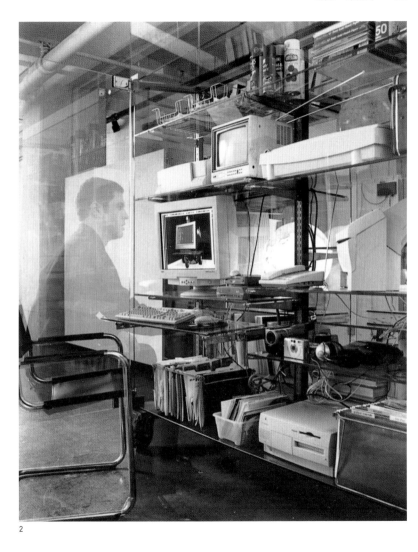

2

1　平面是没有界限的

2　工作室，橱窗形成统一的外观尺度，但是室内的标准可以以1英寸为参照进行调整，考虑到了功能上的变化

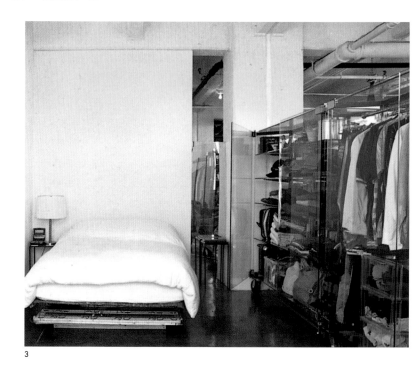

3

4

4　橱窗创造出可移动的墙面，把起居室和卧室分开

5

5   像橱窗一样，立方体充满了动感

6

7

6-7　客人的盒子用作客房，明亮的设备、艺术装置以及储
　　　存空间是为较大的物体准备的。一边保持敞开，方便
　　　进入；这样的盒子可以与任何现有的固定的墙体连成
　　　一体。相对的另一边由双向镜面组成，保护荧光设备，
　　　同时考虑到私人需要，便于关闭

家居归一

　　家居归一（Home.in.1）位于纽约的一个工作室空间里，投资预算有限，并且要创造出储藏空间以及各种家具——床、书架和桌子。业主表达了她对于表面上看上去繁琐的出租公寓的不满，她不愿将金钱花费在连她自己都说不清能待多久的空间里，尽管如此，她仍然表达出对创造"家"这种感觉的喜爱。最终的解决方案是将家具元素和业主的财产合并到一个活动的立方体里，立方体尺寸为 6 英尺，由标准的 5/4 英寸的角钢、玻璃以及丙烯酸材料来完成立方体的制作。结果是，在立方体的定位位置上，形成了开敞的、有组织的空间，否则将会被各种物体所淹没。这个立方体以及它所容纳的所有物品都可以移动到靠墙的位置，留出工作空间。这个立方体单元可以分解和组合，两个人在两天之内就可以完成。立方体变成了家，这样居住就变得不再那么重要。这个立方体和他的主人现在就居住在纽约拉斯维加斯。

摄影：安德鲁·鲍德温

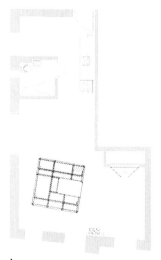

3

1　布鲁克林的平面图，2001 年 3 月至 2002 年
　8 月之间

2　正视图，预制铝梯是用来到达床铺的工具。

3　任务控制：为桌子区域和夜间站立区域
　提供电能。玻璃桌面和书架安装在标准
　5/4 英寸的角钢单元上。

4

4 日光灯管与内部结构合为一体。关闭时，
   立方体呈现出一个平静的白色外观。开启
   时，立方体在光和色彩的作用映衬下成为
   一个半透明体。

5 允许进入桌面区、书架区域、
   衣橱、梯子的外门。

6 处处是家

5

6

桥式建筑

　　20世纪早期的桥式钢塔成为现在摩天大楼的先驱，或者说是披上玻璃幕墙之前的摩天大楼。威廉斯堡位于纽约，是布鲁克林的近邻，多年来一直是废弃的工业建筑区转变为艺术家生活工作空间的一个中心。因为房地产业价格的上升，城市最后的每一个角落都成为集群现象的参与者。威廉斯堡的桥式建筑就是将可能性进一步深化，提出将桥式钢塔的两跨加以改变，形成900-1500平方英尺的城市附属建筑。事实上，建筑所在地也恰恰是未开垦的城市用地，添加的玻璃幕墙恢复了建筑灵活柔软的外观。

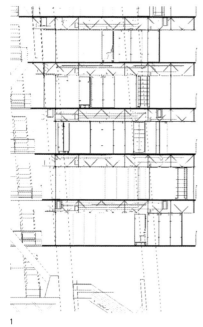

1   2

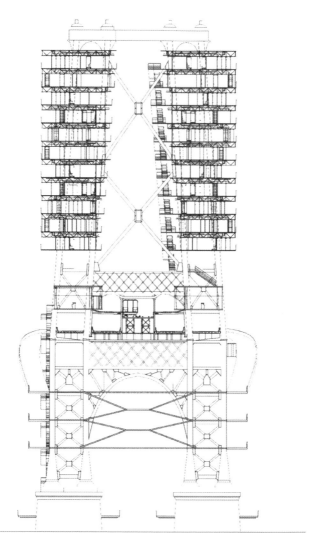

3

1　穿越 5 层的剖面图，从同
　　一部分形成的不同平面

2　布鲁克林塔楼

3　钢塔剖面图
　　显示出：车库（后加，底部）　道路和火车层（现存，中部）
　　大厅（后加，道路之上）　增加的 11 层阁楼（上部）

4

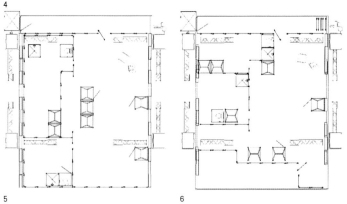

5   6

7

4 室外空间的尺寸是可以调整的，部分原
　因是对季节更迭所做出的一种回应。

5 冬季平面图

6 夏季平面图

7 无论是自动喷淋系统，还是自动盥洗单元，
都有一个聚乙烯胶片插入，这样使得电动
控制时系统变得不很敏感。这样的单元由
私人洗浴空间和雕塑间隔出现。铅管制品
通过灵活的聚亚胺酯工艺管道处理，被附
着应用在热交换器上，热交换器同时经过
快速分离处理

8

8　储存用的橱柜被安装在 3 英尺格栅框架空间，通过控制器可以调节它的位置。透明和半透明玻璃的混合应用，考虑到了不同程度的私密性要求。当储存用的橱柜填满物品时，就变成了一面不透明的墙，这时的空间也已经变得私密化

海顿会堂

　　海顿会堂是纽约 SRO（占有单个房间）组织面向青年客户将单独房间变成小精品店的一项针对室内革新的工程。主要目标包括整修 82 个房间，重新安排家具，门厅区域的扩大以及在门厅下面的地下室创造出一个小酒吧间。这栋 8 层的建筑建于 1902 年，建筑本身历经沧桑。工程绝不仅仅是去掉表皮和改造，根据预算（每立方英尺控制在 40 美元以下），该工程改造有一个双重的策略，即隐蔽和展示的双重作用。剥落原有表面之后所露出的粗糙墙体要重新被覆盖上平整的石板饰面。其他诸如造型、开窗等建筑特征，不管怎样都要留下未经改变的痕迹。通过新的附加物，以及留下的具有强烈纹理质感的剩余物，可以显示出建筑的历史厚重感。此工程选用一系列具有高度感染力的家具。

1　剖面图，底部的酒吧和门厅，右侧是灯光装饰架

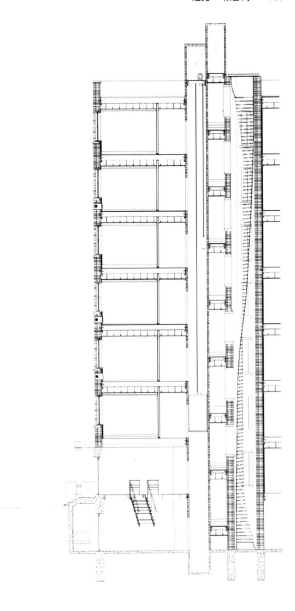

1

2

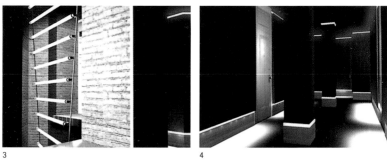

3   4

5

2 玻璃酒吧间是地下室设计的最主要元素。有一些门
窗被去除了，并且被替换为玻璃隔断

3 灯光装饰架，位于建筑的中心位置，使建筑成为统
一的整体。所有日光灯管与桌子前面的系统相连接，
从地下室的吧台一直排列到屋顶，约有 94 英尺高，
开关可以根据房间的使用情况做出相应的调整和反
映。最新的现代化的生活安全系统设计考虑到了装
饰架的位置以及窗户的拆除

4 走廊、门厅的光线设计主要考虑到突出建筑保留部
分的细节，包括门和造型。灯管采用凹进式设计，
嵌入新装的石材饰面里

5 一个玻璃楼梯，从方位和材料上表
达出它的新奇，并且连接着吧台和
门厅。地板在踢线板和生混凝土层
之上，设有一层厚厚的聚亚氨脂表
层。墙体位置也经过移动和设计，
位于桌面前的操作系统连接着照明
装置和通风井，可以进行全面操控

菲尔德住宅

在宾夕法尼亚州北部的卡茨启尔 (Catskill) 山的山麓处，地表面之下平均 4 英尺的地方是岩石层，地表之下大约 75 英尺处则是含有新鲜、温暖水资源的蓄水层（含水土层），这些丰富的水资源孕育了鲑鱼溪。除了众所周知的心形的 Jacuzzis 温泉以及美丽的山林小屋，这一地区还因拥有混凝土工厂和鲑鱼溪而闻名于世。由于与当地的一家混凝土生产商——保罗·奥克斯和 A·C·米勒混凝土工厂合作，菲尔德住宅既是一项关于大规模生产预制混凝土住宅可行性的基础研究的原型，又是第一批发展中的用于休闲、度假，拥有卡茨启尔山脉良好景观的住宅之一。为遵从这种朴素的材质以及经济现实（一些住宅距离现在的输电线路大约 1 英里），住宅的设计主要强调自我供给和环境的可持续性。住宅有一个开放的、玻璃的正立面，高日照率借助于房子的一些特征在整个住宅中处处得以体现，如花园屋顶使建筑回归自然，住宅还提供自由自在不受约束的花园空间。住宅通过丙烷发电机以及太阳能收集器获得能量，通过热辐射板采集地热来取暖。

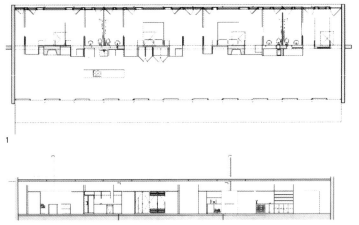

1

2

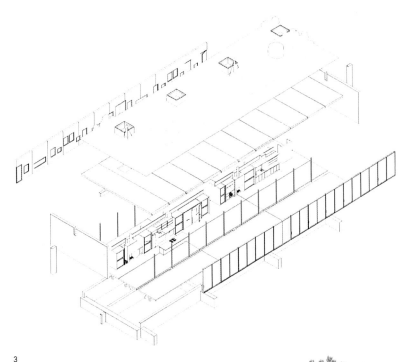

3

1　平面图
2　剖面图，展示出高度精细的核心部分
3　轴测图
4　住宅中唯一定制的是中心核部分，被构思为预制方盒子中的立体雕塑，它涵盖所有功能上的组成部分，并且将起居区域从卧室中分离出来。住宅像现代装备包的组成部分一样，形成了实际上的成本节省

5　菲尔德住宅坐落于一个大的草原上，从正立面算起住宅前大约有 60 英里的视野范围。玻璃推拉门构成了建筑的正立面（下页）

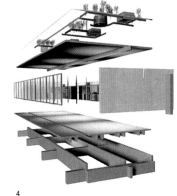

4

5